建/筑/工/程/施/工/现/场/管/理/人/员/实/操/系/列

造价员

实操技能 全图解

郑淳峻　主编

化学工业出版社

·北京·

内 容 提 要

　　本书主要介绍造价员相关的基础知识以及专业技术知识。本书共分为12章，内容包括造价人员职业制度与职业生涯、工程造价基础知识、建筑工程施工图的识读、建筑工程定额计价、建筑工程清单计价、建筑工程工程量的计算、装饰装修工程工程量的计算、安装工程工程量的计算、CAD2018图形导入识别、广联达钢筋算量软件实操、广联达图形算量软件装修实操和建筑工程综合计算实例。在第六章～第八章中，分别介绍了建筑、装饰装修和安装工程工程量的计算，主要以实例的形式呈现。另外，在广联达钢筋算量软件实操和广联达图形算量软件装修实操章节还附有实例视频的二维码，让读者更容易理解和掌握操作技能，以方便读者参考和学习。

　　本书图文并茂、实用性强、重点突出，具有较强的指导性和可操作性，可作为建筑工程造价员的培训教材和参考用书。

图书在版编目（CIP）数据

　　造价员实操技能全图解/郑淳峻主编. —北京：化学
工业出版社，2020.4
　　建筑工程施工现场管理人员实操系列
　　ISBN 978-7-122-35991-9

　　Ⅰ.①造… Ⅱ.①郑… Ⅲ.①建筑造价管理-图解
Ⅳ.①TU723.3-64

　　中国版本图书馆CIP数据核字（2020）第032223号

责任编辑：彭明兰　　　　　　　　　　　　文字编辑：邹　宁
责任校对：刘　颖　　　　　　　　　　　　装帧设计：史利平

出版发行：化学工业出版社（北京市东城区青年湖南街13号　邮政编码100011）
印　　装：三河市延风印装有限公司
787mm×1092mm　1/16　印张13½　字数349千字　2020年8月北京第1版第1次印刷

购书咨询：010-64518888　　　　　　　　售后服务：010-64518899
网　　址：http://www.cip.com.cn
凡购买本书，如有缺损质量问题，本社销售中心负责调换。

定　　价：58.00元

前　言

　　为了加强建筑与市政工程施工现场专业人员队伍建设、规范专业人员的职业能力评价、指导专业人员的使用与教育培训、促进科学施工、确保工程质量和安全生产，住房和城乡建设部制定了《建筑与市政工程施工现场专业人员职业标准》。　在建设行业开展关键岗位培训考核和持证上岗工作，对于提高从业人员的专业技术水平和职业素养，促进施工现场规范化管理，保证工程质量和安全，推动行业发展和进步发挥了积极重要的作用。　此标准的核心是建立全面综合的职业能力评价制度，该制度是关键岗位培训考核工作的延续和深化。　实施此标准的根本目的是为了提高建筑与市政工程施工现场专业人员队伍素质，确保施工质量和安全生产。

　　为了响应住房和城乡建设部的号召，加强建筑工程施工现场专业人员队伍建设，我们依据《建筑与市政工程施工现场专业人员考核评价大纲》和《建筑与市政工程施工现场专业人员职业标准》（JGJ/T 250—2011），按照职业标准要求，针对施工现场管理人员的工作职责、专业知识和专业技能，遵循易学、易懂、能现场应用的原则，组织编写了本书。

　　为了使广大工程造价工作者和相关工程技术人员更深入地理解现行规范，本书根据现行定额和现行清单相关内容，详细介绍了造价相关知识，注重理论与实际的结合，以实例的形式将工程量如何计算等具体内容进行了系统阐述和详细解说，并运用图表的格式清晰地展现出来，针对性很强，便于读者有目标地学习。

　　本书内容共分为 12 章，分别为造价人员执业制度与职业生涯、工程造价基础知识、建筑工程施工图的识读、建筑工程定额计价、建筑工程清单计价、建筑工程工程量的计算、装饰装修工程工程量的计算、安装工程工程量的计算、CAD2018 图形导入识别、广联达钢筋算量软件实操、广联达图形算量软件装修实操和建筑工程综合计算实例。　在第六章～第八章中，分别介绍了建筑、装饰装修和安装工程工程量的计算，主要以实例的形式呈现。　另外，在广联达钢筋算量软件实操和广联达图形算量软件装修实操章节还附有实例视频的二维码，让读者更容易理解和掌握操作技能，供读者参考、学习。

　　本书由郑淳峻主编，参加编写的人员有魏文彪、高海静、葛新丽、梁燕、吕君、孙玲玲、阎秀敏、何艳艳、高世霞、白巧丽、周晓彤等。　本书视频由贵州中建尚学教育科技有限公司的肖子龙、代印提供。

　　由于时间仓促和能力有限，本书难免有不完善的地方，敬请读者批评指正，以期通过不断修订与完善，使本书能真正成为造价员岗位工作的必备助手。

编者

2020. 2

目录

第一章 >>
造价人员职业制度与职业生涯

第一节 造价人员资格制度及考试办法

一、造价工程师概念

造价工程师，是指通过全国统一考试取得中华人民共和国造价师执业资格证书，并经注册后从事建设工程造价业务活动的专业技术人员，如图 1-1 所示。

```
                    ┌─────────────────────────────────────────────────────┐
                    │ 由国家授予资格并准予注册后执业，专门接受某个部门或某个单位的指定、委 │
                    │ 托或聘请，负责并协助其进行工程造价的计价、定价及管理业务，以维护其合法 │
                    │ 权益的工程经济专业人员                                  │
                    └─────────────────────────────────────────────────────┘
  ┌──────────┐      ┌─────────────────────────────────────────────────────┐
  │ 造价工程师的 │──────│ 国家对造价工程师实行准入类职业资格制度，纳入国家职业资格目录      │
  │   概念    │      └─────────────────────────────────────────────────────┘
  └──────────┘      ┌─────────────────────────────────────────────────────┐
                    │ 凡是从事工程建设活动的建设、设计、施工、工程造价咨询、工程造价管理等 │
                    │ 单位和部门，必须在计价、评估、审查(核)、控制及管理等岗位配套有造价工程 │
                    │ 师执业资格的专业技术人员                                │
                    └─────────────────────────────────────────────────────┘
```

图 1-1　造价工程师的概念

二、造价工程师职业资格制度

造价工程师职业资格制度规定

扫码查看本资料

造价工程师分为一级造价工程师和二级造价工程师。由住房和城乡建设部、交通运输部、水利部、人力资源社会保障部共同制定造价工程师职业资格制度，并按照职责分工负责造价工程师职业资格制度的实施与监管。

一级造价工程师职业资格考试全国统一大纲、统一命题、统一组织。二级造价工程师职业资格考试全国统一大纲，各省、自治区、直辖市自主命题并组织实施。一级和二级造价工程师职业资格考试均设置基础科目和专业科目。

（1）凡遵守中华人民共和国宪法、法律、法规，具有良好的业务素质和道德品行，具备图 1-2 所列条件之一者，可以申请参加一级造价工程师职业资格考试。

（2）凡遵守中华人民共和国宪法、法律、法规，具有良好的业务素质和道德品行，具备图 1-3 所列条件之一者，可以申请参加二级造价工程师职业资格考试。

（3）关于造价员证书的规定

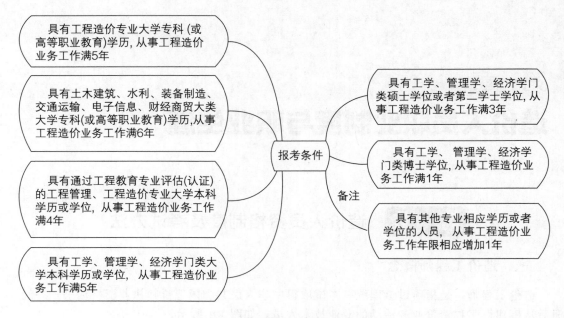

图 1-2　一级造价工程师报考条件

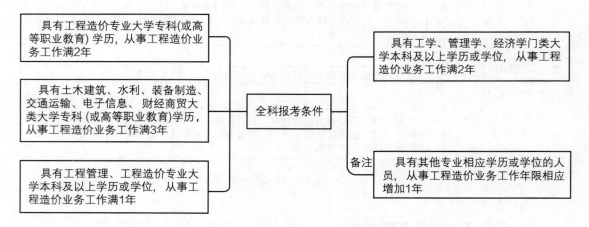

图 1-3　二级造价工程师全科报考条件

① 根据《造价工程师职业资格制度规定》，该规定印发之前取得的全国建设工程造价员资格证书、公路水运工程造价人员资格证书以及水利工程造价工程师资格证书，效用不变。

② 专业技术人员取得一级造价工程师、二级造价工程师职业资格，可认定其具备工程师、助理工程师职称，并可作为申报高一级职称的条件。

③ 根据《造价工程师职业资格制度规定》，该规定自印发之日起施行。原人事部、原建设部发布的《造价工程师执业资格制度暂行规定》（人发〔1996〕77 号）同时废止。根据《造价工程师执业资格制度暂行规定》取得的造价工程师执业资格证书与《造价工程师执业资格制度规定》中一级造价工程师职业资格证书效用等同。

三、 造价工程师职业资格考试

造价工程师职业资格考试专业科目分为土木建筑工程、交通运输工程、水利工程和安装工程4个专业类别，考生在报名时可根据实际工作需要选择其一。其中，土木建筑工程、安装工程专业由住房和城乡建设部负责；交通运输工程专业由交通运输部负责；水利工程专业由水利部负责。

一级造价工程师职业资格考试成绩实行4年为一个周期的滚动管理办法，在连续的4个考试年度内通过全部考试科目，方可取得一级造价工程师职业资格证书。二级造价工程师职业资格考试成绩实行2年为一个周期的滚动管理办法，参加全部2个科目考试的人员必须在连续的2个考试年度内通过全部科目，方可取得二级造价工程师职业资格证书。

一级造价工程师职业资格考试的科目见图1-4，考试分4个半天进行。"建设工程造价管理""建设工程技术与计量""建设工程计价"科目的考试时间均为2.5小时，"建设工程造价案例分析"科目的考试时间为4小时（图1-4）。二级造价工程师职业资格考试的科目见图1-5，考试分2个半天进行。"建设工程造价管理基础知识"科目的考试时间为2.5小时，"建设工程计量与计价实务"考试时间为3小时（图1-5）。

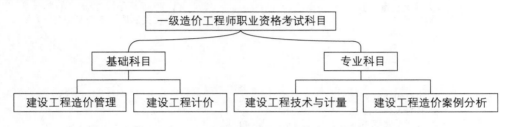

图1-4　一级造价工程师职业资格考试的科目

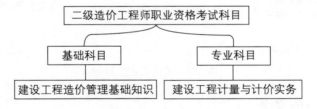

图1-5　二级造价工程师职业资格考试的科目

（1）具有以下条件之一的，参加一级造价工程师职业资格考试可免考基础科目，如图1-6所示。

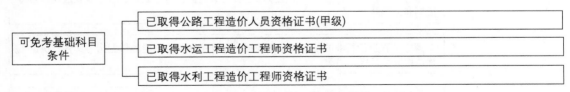

图1-6　一级造价工程师考试可免考基础科目

（2）具有以下条件之一的，参加二级造价工程师考试可免考基础科目，如图1-7所示。

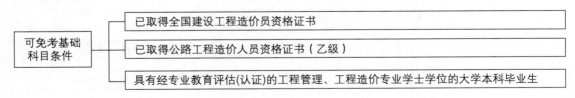

图1-7　二级造价工程师考试可免考基础科目

第二节 造价人员的权利、义务、执业范围及职责

一、造价人员的权利

造价人员的权利应有以下几种，如图 1-8 所示。

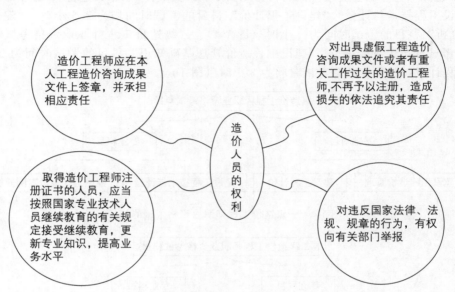

图 1-8 造价人员的权利

造价工程师应在本人工程造价咨询成果文件上签章，并承担相应责任

对出具虚假工程造价咨询成果文件或者有重大工作过失的造价工程师，不再予以注册，造成损失的依法追究其责任

取得造价工程师注册证书的人员，应当按照国家专业技术人员继续教育的有关规定接受继续教育，更新专业知识，提高业务水平

造价人员的权利

对违反国家法律、法规、规章的行为，有权向有关部门举报

二、造价人员的义务

造价人员应履行的义务包括以下几种，如图 1-9 所示。

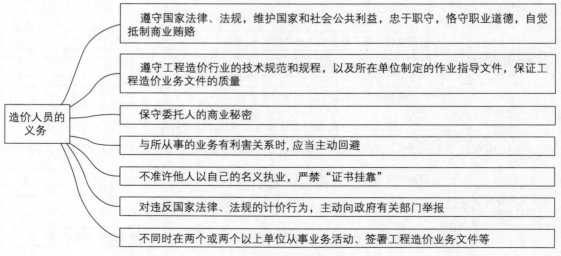

造价人员的义务

遵守国家法律、法规，维护国家和社会公共利益，忠于职守，恪守职业道德，自觉抵制商业贿赂

遵守工程造价行业的技术规范和规程，以及所在单位制定的作业指导文件，保证工程造价业务文件的质量

保守委托人的商业秘密

与所从事的业务有利害关系时，应当主动回避

不准许他人以自己的名义执业，严禁"证书挂靠"

对违反国家法律、法规的计价行为，主动向政府有关部门举报

不同时在两个或两个以上单位从事业务活动、签署工程造价业务文件等

图 1-9 造价人员的义务

三、 造价人员的执业范围

（1）一级造价工程师的执业范围包括建设项目全过程的工程造价管理与咨询等，具体工作内容如图 1-10 所示。

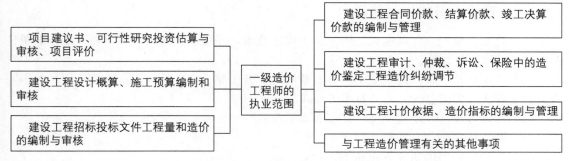

图 1-10 一级造价工程师的执业范围

（2）二级造价工程师主要协助一级造价工程师开展相关工作，可独立开展以下具体工作，如图 1-11 所示。

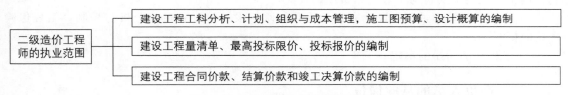

图 1-11 二级造价工程师的执业范围

四、 造价人员的岗位职责

造价人员的岗位职责如图 1-12 所示。

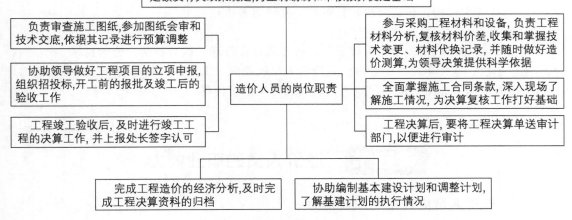

图 1-12 造价人员的岗位职责

第三节 造价人员的职业生涯

一、造价人员的从业前景

（1）建筑工程行业发展迅猛，国家给予优惠政策，经济收益乐观，从事相关工作的单位和人员技能水平要求高。

（2）从事造价工程师的相关单位分布范围广，分土建、安装、装饰、市政、园林等不同专业。企业人才需求量大，专业技术人员难觅。

（3）考证难度高、通过率低，证书含金量颇高。

（4）薪资待遇高，发展机会广阔。

（5）造价工程师的执业方向如下。

① 建设项目建议书、可行性研究投资估算的编制和审核，项目经济评价，工程概算、预算、结算、竣工结（决）算的编制和审核。

② 工程量清单、标底（或控制价）、投标报价的编制和审核，工程合同价款的签订及变更、调整、工程款支付与工程索赔费用的计算。

③ 建设项目管理过程中设计方案的优化、限额设计等工程造价分析与控制，工程保险理赔的核查。

④ 工程经济纠纷的鉴定。

二、造价人员的从业岗位

（1）建设单位：预结算审核岗位、投资成本测算、全过程造价控制、合约管理。

（2）施工单位：预结（决）算编制、成本测算。

（3）中介单位

① 设计单位：设计概算编制、可行性研究等工程经济业务等。

② 咨询单位：招标代理、预结算编审、全过程造价控制、工程造价纠纷鉴定。

（4）行政事业单位

① 财政评审机构：预结（决）算审核、基建财务审核。

② 政府审计部门：基建投资审计。

③ 造价管理部门及教学、科研部门：行政或行业管理、教育教学、造价科研。

建设单位、施工单位、中介单位是造价人员就业的三大主体。除此之外，还有造价软件公司、出版机构、金融机构、保险机构、新媒体运营机构等。

第四节 造价人员的职业能力

一、造价人员应具备的职业能力

1. 专业技术能力

（1）识图能力，这是对造价人员的基本要求。

（2）熟悉工程技术，对施工工艺、软件运用等技术问题要熟悉，出现问题时能够及时处理。

（3）掌握工程造价技能

① 建设各阶段造价操作与控制能力，尤其是招投标、合同价确定、合同实施、合同结算几个阶段的操控能力。

② 掌握造价计价体系能力。目前主要有两种计价方式：定额计价与清单计价。

③ 要有经济分析与总结能力。包括主要财务报表编制、依据财务报表进行相关经济技术评价、编制竣工结算后的固定资产结算财务报告等。

2. 语言、文字表达能力

作为造价人员，要用言简意赅、逻辑清晰的语言、文字把复杂的问题表达清楚。比如合同管理、概预算编审报告的编制、各类报告文件的草拟，均需要造价人员有较强的文字表达与处理能力。不仅为了让自己看明白，也能更好地传递给他人。

3. 与他人沟通、相处的能力

在做好本职工作的同时，也要善于和他人沟通、相处。比如工程结算对账、工程造价鉴定和材料询价等工作需要与对方沟通、交流，达成一致意见。造价不是一个闭门造车的工作，沟通是处理问题最直接、最有效的方式。

二、造价人员的专业技术能力

造价人员的专业技术能力如图 1-13 所示。

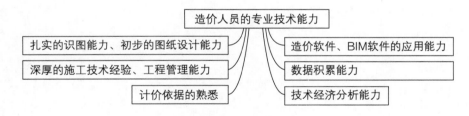

图 1-13　造价人员的专业技术能力

第五节　造价人员岗位的工作流程

由于建设单位、施工单位和咨询单位等单位的工程实施阶段不同，其工作流程也不同，下面列举咨询单位造价人员岗位的工作流程，如图 1-14 所示。

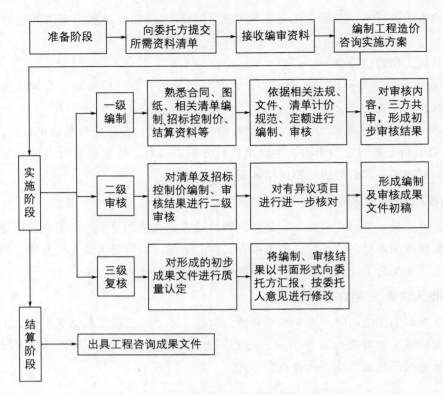

图 1-14　咨询单位造价人员岗位的工作流程

第二章 ▶▶
工程造价基础知识

第一节 工程造价的含义及计价特征

一、 工程造价的含义

工程造价就是指工程的建设价格，是指为完成一个工程的建设，预期或实际所需的全部费用总和。

工程造价是指工程项目从投资决策开始到竣工投产所需的全部建设费用。

工程造价在工程建设的不同阶段有具体的称谓，如投资决策阶段为投资估算，设计阶段为设计概算、施工图预算，招投标阶段为最高投标限价、投标报价、合同价，施工阶段为竣工结算等。

二、 工程造价的特点

工程造价的特点如图 2-1 所示。

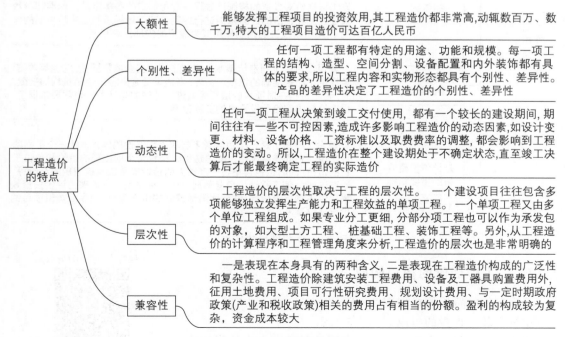

图 2-1　工程造价的特点

三、 工程计价的特点

工程计价的特点如图 2-2 所示。

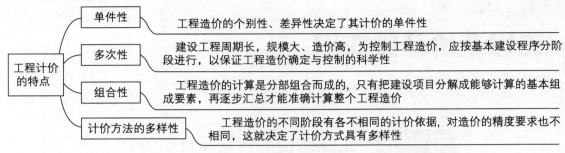

图 2-2　工程计价的特点

四、 工程造价的作用

工程造价的作用如图 2-3 所示。

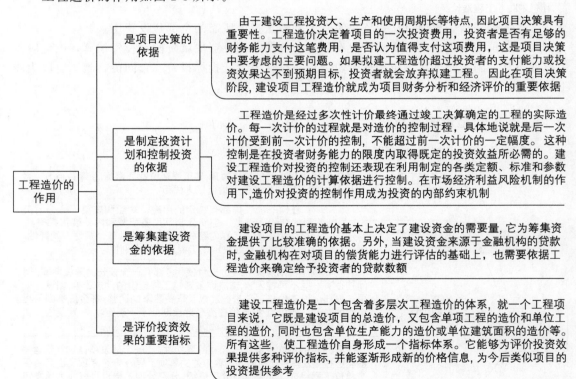

图 2-3　工程造价的作用

五、 工程造价的费用构成

工程造价的费用构成如图 2-4 所示。

建筑安装工程费的组成如图 2-5 所示。

增值税是商品（含应税劳务）在流转过程中产生的附加值、

工程造价的费用计算公式

扫码查看本资料

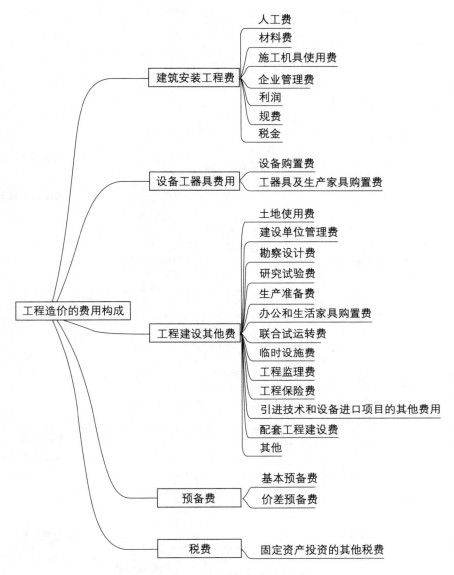

图 2-4　工程造价的费用构成

以增值额作为计税依据而征收的一种流转税。

　　增值税的计税方法，包括一般计税方法和简易计税方法。一般纳税人发生应税行为适用一般计税方法计税。小规模纳税人发生应税行为适用简易计税方法计税。

1. 采用一般计税方法时增值税的计算

　　当采用一般计税方法时，建筑业增值税税率为9％。其计算公式为

$$增值税 = 税前造价 \times 9\%$$

　　税前造价为人工费、材料费、施工机具使用费、企业管理费、利润和规费之和，各费用项目均以不包含增值税可抵扣进项税额的价格计算。

2. 采用简易计税方法时增值税的计算

　　当采用简易计税方法时，建筑业增值税税率为3％。其计算公式为

$$增值税 = 税前造价 \times 3\%$$

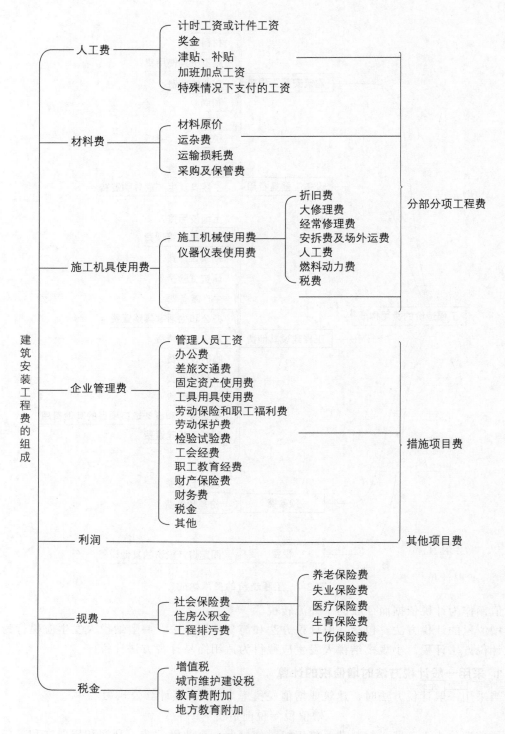

图 2-5　建筑安装工程费的组成

　　税前造价为人工费、材料费、施工机具使用费、企业管理费、利润和规费之和，各费用项目均以包含增值税可抵扣进项税额的价格计算。

第二节 建筑工程计价的依据与方法

一、建筑工程计价的依据

建筑工程计价的依据包含六个方面，如图 2-6 所示。

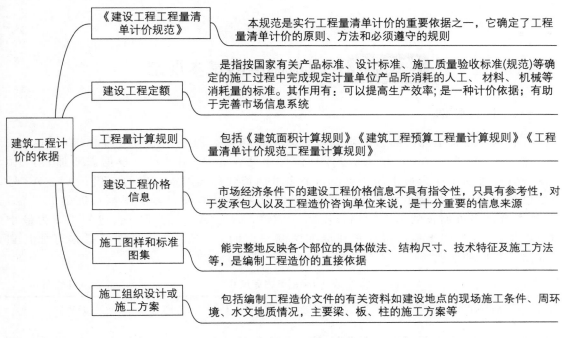

图 2-6 建筑工程计价的依据

二、建筑工程计价的方法

建筑工程计价的方法可分为工料单价法、实物单价法和综合单价法，如图 2-7 所示。

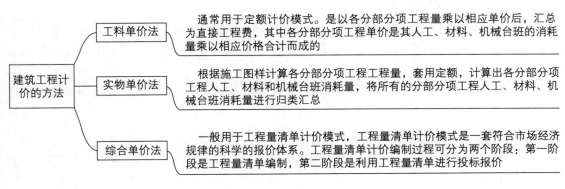

图 2-7 计价的方法

第三章

建筑工程施工图的识读

建筑制图的基本规定

一、 图样幅面

图纸本身的大小规格称为图纸的幅面，简称图幅。图纸一般有 5 种标准图幅：A0号、A1 号、A2 号、A3 号和 A4 号，具体尺寸见表 3-1。图纸可以根据需要加长：A0号图纸以长边的 1/8 为最小加长单位，最多可加长到标准图幅长度的 2 倍；A1、A2 号图纸以长边的 1/4 为最小加长单位，A1 号图纸最多可加长到标准图幅长度的 2.5 倍，A2 号图纸最多可加长到标准图幅长度的 5.5 倍；A3、A4 号图纸以长边的 1/2 为最小加长单位，A3 号图纸最多可加长到标准图幅长度的 4.5 倍，A4 号图纸最多可加长到标准图幅长度的 2 倍。

表 3-1　图纸幅面尺寸　　　　　　　　　　　单位：mm

幅面代号 尺寸代号	A0	A1	A2	A3	A4
$b \times l$	841×1189	594×841	420×594	297×420	210×297
c		10			5
a			25		

注：表中 b 为幅面短边尺寸，l 为幅面长边尺寸，c 为图框线与幅面线间宽度，a 为图框线与装订边间宽度。

二、 幅面代号的意义

图纸以短边作为垂直边称为横式，如图 3-1（a）所示；以短边作为水平边称为立式，如图 3-1（b）、（c）所示。一般 A0～A3 图纸宜横式使用，必要时也可立式使用；而 A4 图纸只能立式使用。

一个工程设计中，每个专业所使用的图纸，一般不宜多于两种幅面，不含目录及表格所采用的 A4 幅面。

三、 标题栏与会签栏

1. 标题栏

标题栏是用以标注图纸名称、图号、比例、张次、日期及有关人员签名等内容的栏目。标题栏的位置一般在图纸的右下角，有时也设在下方或右侧。标题栏中的文字方向为看图方

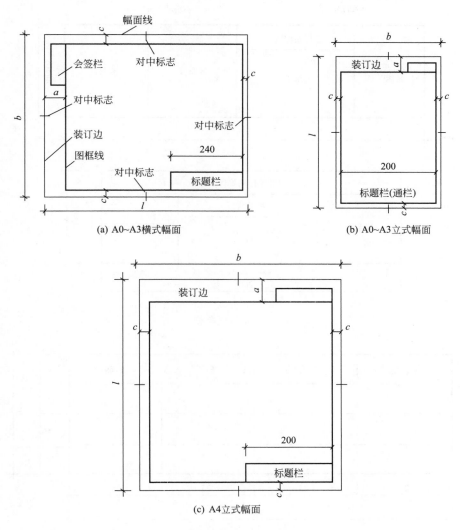

(a) A0~A3横式幅面　　　　　(b) A0~A3立式幅面

(c) A4立式幅面

图 3-1　幅面代号的意义

向，即图中的说明、符号等均应与标题栏的文字方向一致。按照如图 3-2 所示，标题栏应根据工程需要选择确定其尺寸、格式及分区。

2. 会签栏

会签栏应画在图纸左上角的图框线外，其尺寸应为 100mm×20mm，以如图 3-3 所示的格式绘制。栏内应填写会签人员所代表的专业、姓名、日期（年、月、日）。一个会签栏不够时，可另加一个或两个会签栏并列，不需会签的图纸可不设会签栏。

四、　图线及比例

1. 图线

（1）图线的宽度 b，宜从下列线宽系列中选取：2.0mm、1.4mm、1.0mm、0.7mm、0.5mm、0.35mm。每张图纸应根据复杂程度与比例大小，先选定基本线宽 b，再选用相应线宽组，见表 3-2。

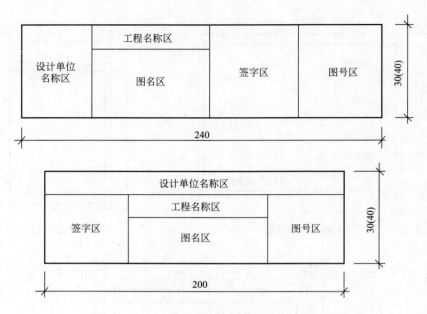

图 3-2　标题栏

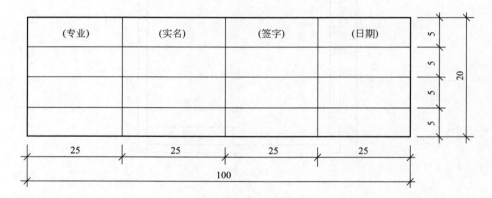

图 3-3　会签栏

表 3-2　线宽组　　　　　　　　　　　　　　单位：mm

线宽	线宽组					
b	2.0	1.4	1.0	0.7	0.5	0.35
$0.5b$	1.0	0.7	0.5	0.35	0.25	0.18
$0.25b$	0.5	0.35	0.25	0.15	—	—

（2）工程建设制图常见线型宽度及用途见表 3-3。

表 3-3　工程建设制图常见线型宽度及用途

名称		线型	线宽	一般用途
实线	粗		b	主要可见轮廓线
	中		$0.5b$	可见轮廓线
	细		$0.25b$	可见轮廓线，图例线
虚线	粗		b	见各有关专业制图标准
	中		$0.5b$	不可见轮廓线
	细		$0.25b$	不可见轮廓线，图例线

续表

名称		线型	线宽	一般用途
单点长划线	粗	▬ ▬ ▬ ▬	b	见各有关专业制图标准
	中	▬ ▬ ▬ ▬	0.5b	见各有关专业制图标准
	细	─ ─ ─ ─	0.25b	中心线,对称线等
双点长划线	粗	▬ ▪ ▬ ▪ ▬	b	见各有关专业制图标准
	中	▬ ▪ ▬ ▪ ▬	0.5b	见各有关专业制图标准
	细	─ ∙ ─ ∙ ─	0.25b	假想轮廓线,成型的原始轮廓线
折断线		─────╱╲─────	0.25b	断开界线
波浪线		∼∼∼∼∼	0.25b	断开界线

（3）图框线和标题栏线，可采用表 3-4 所示的线宽。

表 3-4   图框线、标题栏的线宽   单位：mm

幅面代号	图框线	标题栏外框线	标题栏分格线、会签栏线
A0、A1	1.4	0.7	0.35
A2、A3、A4	1.0	0.7	0.35

2. 比例

（1）常用绘图比例见表 3-5，并应优先用表中常用比例。

表 3-5   常用绘图比例

常用比例	1：1,1：2,1：5,1：10,1：20,1：50,1：100,1：150,1：200,1：500,1：1000,1：2000,1：5000,1：10000,1：20000,1：50000,1：100000,1：200000
可用比例	1：3,1：4,1：6,1：15,1：25,1：30,1：40,1：60,1：80,1：250,1：300,1：400,1：600

（2）总图制图采用的比例宜符合表 3-6 的规定。

表 3-6   总图制图比例

图名	比例
现状图	1：500、1：1000、1：2000
地理交通位置图	（1：25000）～（1：200000）
总体规划、总体布置、区域位置图	1：2000、1：5000、1：10000、1：25000、1：50000
总平面图,竖向布置图,管线综合图,土方图,铁路、道路平面图	1：300、1：500、1：1000、1：2000
场地园林景观总平面图、场地园林景观竖向布置图、种植总平面图	1：300、1：500、1：1000
铁路、道路纵断面图	垂直:1：100、1：200、1：500 水平:1：1000、1：2000、1：5000
铁路、道路横断面图	1：20、1：50、1：100、1：200
场地断面图	1：100、1：200、1：500、1：1000
详图	1：1,1：2,1：5,1：10,1：20,1：50,1：100,1：200

（3）建筑专业、室内设计专业制图选用的比例，宜符合表 3-7 的规定。

表 3-7   建筑制图比例

图名	比例
建筑物或构筑图的平面图、立面图、剖面图	1：50,1：100,1：150,1：200,1：300
建筑物或构筑物的局部放大图	1：10,1：20,1：25,1：30,1：50
配件及构造详图	1：1,1：2,1：5,1：10,1：15,1：20,1：25,1：30,1：50

（4）制图所选用的比例应根据图样的用途与被绘对象的复杂程度，从表 3-8 中选用，并应优先采用表中的常用比例。

表 3-8　建筑结构制图比例

图名	常用比例	可用比例
结构平面图、基础平面图	1：50、1：100、1：150	1：60、1：200
圈梁平面图，总图中管沟、地下设施等	1：200、1：500	1：300
详图	1：10、1：20、1：50	1：5、1：30、1：25

五、字体

（1）图纸上注写的文字、数字或符号等，均应笔画清晰、字体端正、排列整齐；标点符号应清楚正确。

（2）文字的字高参考表 3-9。字高大于 10mm 时宜采用 True Type 字体，当书写更大字时，其高度应按 $\sqrt{2}$ 的倍数递增。

表 3-9　文字的字高　　　　　　　　　　　单位：mm

字体种类	中文矢量字体	True Type 字体及非中文矢量字体
字高	3、5、5、7、10、14、20	3、4、6、8、10、14、20

（3）图纸及说明中的汉字宜采用仿宋体或黑体，同一图纸字体种类不应超过两种。大标题、图册封面、地形图等的汉字，也可书写成其他字体，但应易于辨认。

（4）汉字的简化字注写应符合国家有关汉字简化方案的规定。

（5）图纸及说明中的拉丁字母、阿拉伯数字与罗马数字宜采用单线简体或 Roman 字体，拉丁字母、阿拉伯数字与罗马数字的字高，不应小于 2.5mm。

（6）数量的数值注写，应用正体阿拉伯数字。各种计量单位，凡前面有量值的，均应用国家颁布的单位符号注写。单位符号应用正体字母书写。

（7）分数、百分数和比例数应用阿拉伯数字和数学符号注写。

（8）当注写的数字小于 1 时，应写出个位的"0"，小数点应采用圆点，对齐基准线注写。

（9）长仿宋汉字、拉丁字母、阿拉伯数字与罗马数字示例，应符合《技术产品文件　字体》（GB/T 14691—2005）的有关规定。

六、尺寸标注及标高

图纸有形状和大小双重含义，建筑工程施工是根据图纸上的尺寸进行的，因此，尺寸标注在整个图纸绘制中占有重要的地位，必须认真仔细、准确无误。

图纸上标注的尺寸是由尺寸界线、尺寸线、尺寸起止符号和尺寸数字四部分组成的，故常称其为尺寸标注的四大要素，如图 3-4 所示。

1. 尺寸界线

用细实线绘制，一般应与被注长度垂直，其一端应离开图纸轮廓线不小于 2mm，另一端宜超出尺寸线 2～3mm。必要时，可利用图纸轮廓线、中心线及轴线作为尺寸界线，如图 3-5 所示。

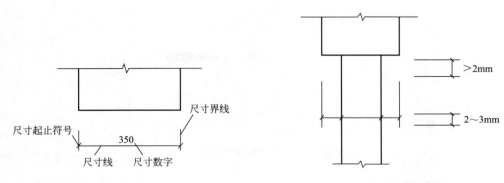

| 图 3-4 尺寸标注的组成 | 图 3-5 尺寸界线标注 |

总尺寸的尺寸界线，应靠近所指部位，中间分尺寸的尺寸界线可稍短，但其长度应相等，如图 3-6 所示。

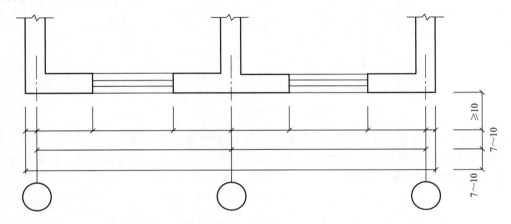

图 3-6 尺寸的排列

2. 尺寸线

应用细实线绘制，应与被注长度平行且不超出尺寸界线。相互平行的尺寸线，应从被注写的图纸轮廓线外由近向远整齐排列，较小尺寸靠近图纸轮廓标注，较大尺寸标注在较小尺寸的外面。图纸轮廓线以外的尺寸线，距图纸最外轮廓之间的距离不宜小于 10mm。平行排列的尺寸线的间距，宜为 7～10mm，并应保持一致，如图 3-6 所示。

轮廓本身的任何图线均不得用作尺寸线。

3. 起止符号

一般用中粗斜短线绘制，其倾斜方向应与尺寸界线成顺时针 45°角，长度宜为 2～3mm，两端伸出长度各为一半，如图 3-7（a）所示。半径、直径、角度与弧长的尺寸起止符号，宜用箭头表示，如图 3-7（b）所示。当相邻尺寸界线间隔很小时，尺寸起止符号用小圆点表示。

4. 尺寸数字

尺寸数字应靠近尺寸线，平行标注在尺寸线中央位置。水平尺寸要从左到右注在尺寸线上方（字头朝上），竖直尺寸要从下到上注在尺寸线左侧（字头朝左）。其他方向的尺寸数字，如图 3-8（a）的形式注写，当尺寸数字位于斜线区内时，宜按图 3-8（b）的形式注写。

若没有足够的注写位置，最外边的尺寸数字可注写在尺寸界线的外侧，中间相邻的尺寸

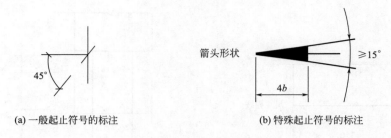

(a) 一般起止符号的标注   (b) 特殊起止符号的标注

图 3-7 尺寸起止符号注写法

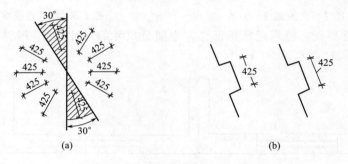

图 3-8 尺寸数字的注写方向

数字可错开注写，或用引出线引出后再进行标注，不能缩小数字大小，如图 3-9（a）所示。尺寸宜标注在图纸轮廓以外，不宜与图线、文字及符号等相交。不可避免时，应将数字处的图线断开，如图 3-9（b）所示。

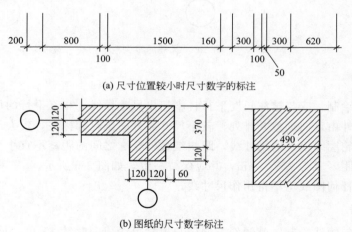

(a) 尺寸位置较小时尺寸数字的标注

(b) 图纸的尺寸数字标注

图 3-9 尺寸数字注写的位置

图纸上的尺寸一律用阿拉伯数字注写。它是以所绘形体的实际大小标注，与所选绘图比例无关，应以尺寸数字为准，不得从图上直接量取。图纸上的尺寸单位，除标高及总平面图以米（m）为单位外，其他必须以毫米（mm）为单位，图纸上的尺寸数字一般不注写单位。

5. 标高

标高符号应以直角等腰三角形表示，按图 3-10（a）所示形式用细实线绘制，当标注位置不够，也可按图 3-10（b）所示形式绘制。标高符号的具体画法应符合图 3-10（c）、（d）的规定。

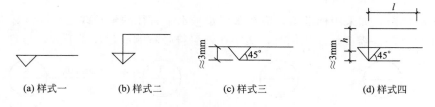

图 3-10　标高符号

总平面图中的室外地坪的标高符号，宜用涂黑的三角形表示，具体画法应符合相关规定，如图 3-11 所示。

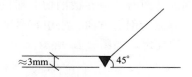

图 3-11　总平面图室外地坪标高符号

标高符号的尖端应指至被注高度的位置。尖端可向下，也可向上。标高数字应注写在标高符号的上侧或下侧，如图 3-12 所示。

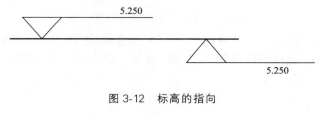

图 3-12　标高的指向

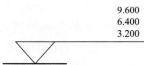

图 3-13　同一位置多个标高的标注

标高数字应以"m"为单位，注写到小数点后第三位。在总平面图中，可注写到小数点后第二位。

零点标高应注写成±0.000，正数标高不标注"＋"，负数标高应标注"－"，例如 3.000、－0.600。

在图纸的同一位置需表示几个不同标高时，标高数字可按图 3-13 的形式注写。

七、 详图及其索引

（1）图纸中的某一局部构件，如需另见详图，应以图 3-14（a）所示的索引符号索引。索引符号是由直径为 8～10mm 的圆和水平直径组成的，圆及水平直径应以细实线绘制。索引符号应按下列规定编写。

索引出的详图，如与被索引的详图同在一张图纸内，应在索引符号的上半圆中用阿拉伯数字注明该详图的编号，并在下半圆中间画一段水平细实线，见图 3-14（b）；如与被索引的详图不在同一张图纸内，应在索引符号的上半圆中用阿拉伯数字注明该详图的编号，在索引符号的下半圆用阿拉伯数字注明该详图所在图纸的编号，见图 3-14（c）。数字较多时，可加文字标注。

索引出的详图，如采用标准图，应在索引符号水平直径的延长线上加注该标准图集的编号，见图3-14（d）。需要标注比例时，文字在索引符号右侧或延长线下方，与符号下对齐。

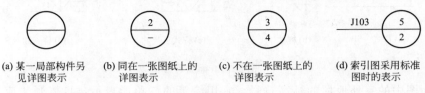

  (a) 某一局部构件另 (b) 同在一张图纸上的 (c) 不在一张图纸上的 (d) 索引图采用标准
    见详图表示   详图表示   详图表示   图时的表示

图 3-14 索引符号

（2）当索引符号用于索引剖面详图时，应在被剖切的部位绘制剖切位置线，并以引出线引出索引符号，引出线所在的一侧应为剖面方向。索引符号的编写应符合《房屋建筑制图统一标准》（GB/T 50001—2017）的规定，如图3-15所示。

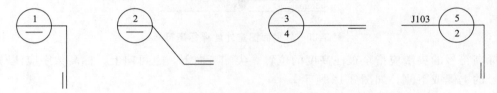

图 3-15 用于索引剖面详图的索引符号

（3）零件、钢筋、杆件、设备等的编号宜采用直径为5~6mm的细实线圆表示，同一图纸应保持一致，编号应用阿拉伯数字按顺序编写。消火栓、配电箱、管井等的索引符号，直径宜采用4~6mm。

八、引出线

（1）引出线应以细实线绘制，宜采用水平方向的直线，与水平方向成45°、60°、90°的直线，或经上述角度再折为水平线。文字说明宜注写在水平线的上方，如图3-16（a）所示；也可注写在水平线的端部，如图3-16（b）所示；索引详图的引出线应与水平直径线相连接，如图3-16（c）所示。

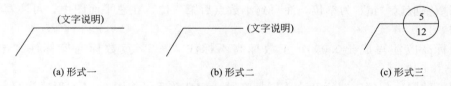

    (a) 形式一   (b) 形式二   (c) 形式三

图 3-16 引出线

（2）同时引出的几个相同部分的引出线，宜互相平行，如图3-17（a）所示，也可画成集中于一点的放射线，如图3-17（b）所示。

    (a) 平行型引出线表示   (b) 放射型引出线表示

图 3-17 公用引出线

（3）多层构造或多层管道共用引出线，应通过被引出的各层，并用圆点示意对应各层次。文字说明宜注写在水平线的上方，或注写在水平线的端部，说明的内容顺序应由上至下，并应与被说明的层次对应一致；如层次为横向排序，则由上至下的说明顺序应与由左至右的层次对应一致，如图 3-18 所示。

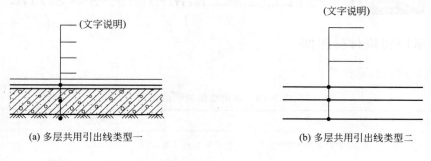

(a) 多层共用引出线类型一　　　　　　　(b) 多层共用引出线类型二

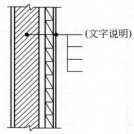

(c) 多层共用引出线类型三

图 3-18　多层共用引出线

九、 定位轴线

（1）定位轴线应采用单点划线绘制。

（2）定位轴线应编号，编号应注写在轴线端部的实线圆内。

（3）定位轴线的编号横向为阿拉伯数字，从左至右依次按顺序编写；竖向为大写拉丁字母，从下至上依次按顺序编写。定位轴线的编号顺序如图 3-19 所示。

（4）定位轴线的编号不允许用同一个字母的大小写来区分；拉丁字母的 I、O、Z 不得用于轴线编号。

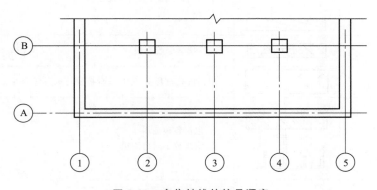

图 3-19　定位轴线的编号顺序

第二节　建筑工程施工图常用图例与识读方法

一、常用建筑材料图例

常用建筑材料的图例见表3-10。

表 3-10　常用建筑材料的图例

名称	图例	说明
自然土壤	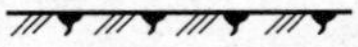	包括各种自然土壤
夯实土壤		
砂、灰土		靠近轮廓线绘较密的点
砂砾石、碎砖三合土		
石材		
毛石	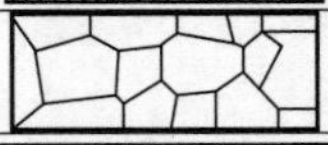	
普通砖	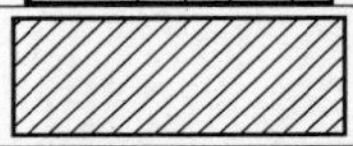	包括实心砖、多孔砖、砌块等砌体,当断面较窄不易绘出图例线时,可涂红
耐火砖	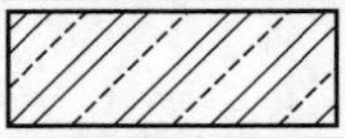	包括耐酸砖等砌体
空心砖		指非承重砖砌体
饰面砖	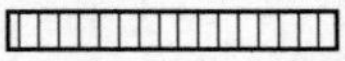	包括铺地砖、马赛克、陶瓷棉砖、人造大理石等
纤维材料	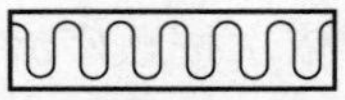	包括玻璃棉、麻丝等
泡沫塑料材料	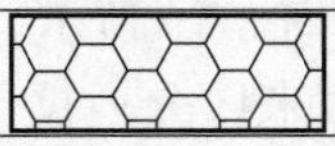	包括聚乙烯等多孔化合物
木材	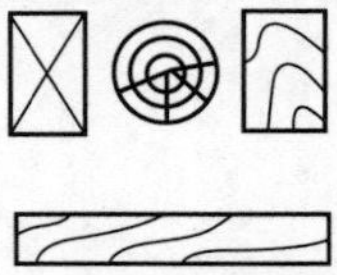	上图为横断面,下图为纵断面
胶合板	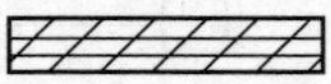	应注明×层胶合板
石膏板	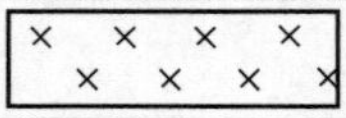	包括圆孔石膏板、方孔石膏板及防水石膏板等
金属	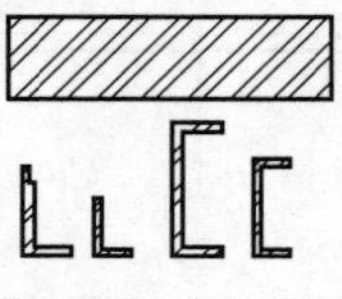	1. 包括各种金属 2. 图线较小时可涂黑
网状材料		1. 包括金属、塑料网状材料 2. 应注明具体材料名称

续表

名称	图例	说明
液体		应注明具体液体名称
焦渣、矿渣		包括与水泥、石灰等混合而成的材料
混凝土		本图例指能承重的混凝土及钢筋混凝土
钢筋混凝土		
多孔材料		包括水泥珍珠岩,泡沫混凝土、非承重加气混凝土等

注:图例中有出现斜线、短斜线、交叉线等的角度一律为 45°。

二、 建筑构造及配件图例

常用建筑构造及配件图例见表 3-11。

表 3-11 常用建筑构造及配件图例

名称	图例	说明
墙体		应加注文字或填充图例表示墙体材料,在项目设计图样说明中列材料图例表给予说明
隔断		1. 包括板条抹灰、木制、石膏板、金属材料等隔断 2. 适用于到顶与不到顶隔断
栏杆		
墙预留洞	宽×高或直径 底(顶或中心)	1. 以洞中心或洞边定位 2. 宜以涂色区别墙体和留洞位置
墙预留槽	宽×高×深或直径 底(顶或中心)标高	1. 以洞中心或洞边定位 2. 宜以涂色区别墙体和留洞位置
楼梯	上	底层楼梯平面图
	下 上	标准层楼梯平面图
	下	1.顶层楼梯平面图 2.楼梯及栏杆扶手的形式和梯段踏步数应按实际情况绘制

续表

名称	图例	说明
坡道	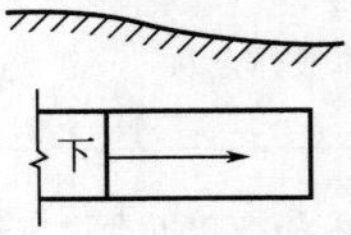	长坡道
	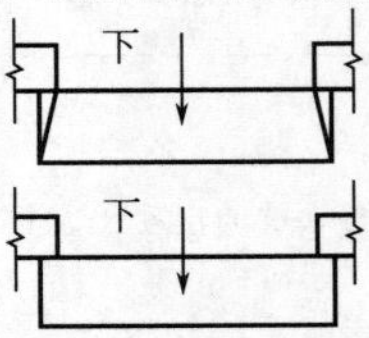	门口坡道
平面高差	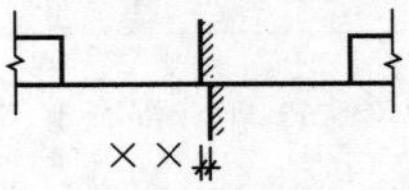	适用于高差小于 100mm 的两个地面或楼面相接处
检查孔		左图为可见检查孔,右图为不可见检查孔
孔洞		阴影部分可以涂色代替
坑槽		
烟道	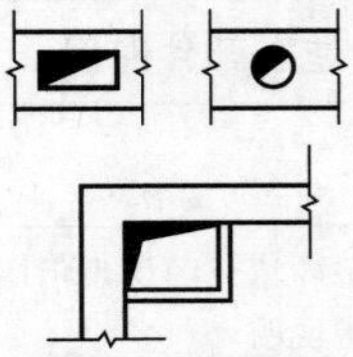	1. 阴影部分可以涂色代替 2. 烟道与墙体为同一材料,其相接处墙身线应断开
通风道	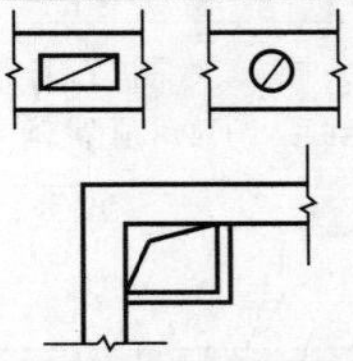	
新建的墙和窗	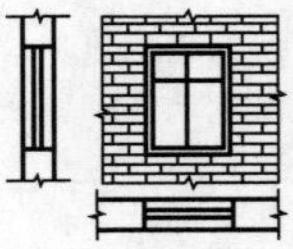	1. 本图以小型砌块为图例绘图时应按所用材料的图例绘制,不易以图例绘制的,可在墙面上以文字或代号注明 2. 小比例绘制时平、剖面窗线可用单粗实线表示
电梯	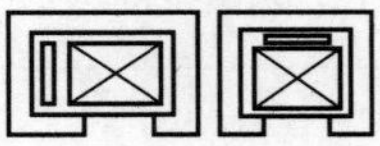	1. 电梯应注明类型,并绘出门和平衡锤的实际位置 2. 观景电梯等特殊类型电梯应参照本图例按实际情况绘制
自动扶梯	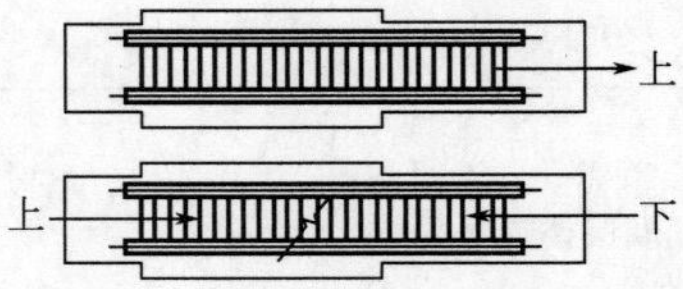	(1)自动扶梯和自动人行道、自动人行坡道可正逆向运行,箭头方向为设计运行方向 (2)自动人行坡道应在箭头线段尾部加注上或下
自动人行道及自动人行坡道	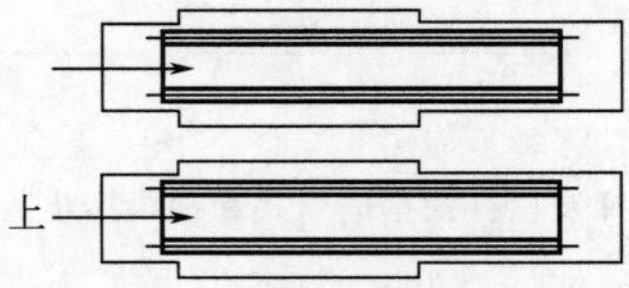	

三、 施工图分类与编排顺序

1. 施工图的分类

一套完整的施工图按各专业内容不同，一般的分类如图 3-20 所示。

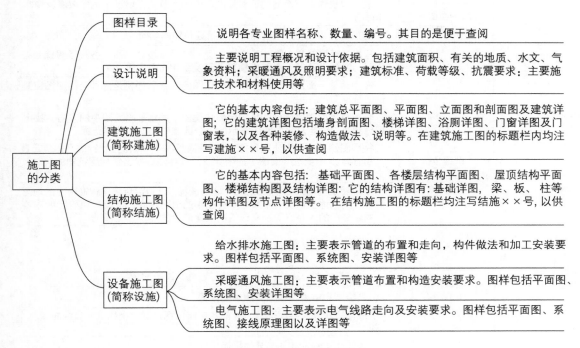

图 3-20 施工图的分类

2. 施工图编排顺序

（1）工程图样应按专业顺序编排。一般应为图样目录、总平面图、建筑施工图、结构施工图、给水排水施工图、暖通空调施工图、电气施工图等。

（2）各专业的图样应该按图样内容的主次关系、逻辑关系有序排列。

四、 建筑施工图的识读

1. 总平面图的识读

建筑施工图

扫码查看本资料

用水平投影方法和相应的图例画出拟建工程四周一定范围内的新建、拟建、原有和拆除的建筑物、构筑物连同其周围的地形地物状况的图样，称为总平面图。总平面图的识读可归纳为总平面图的用途、基本内容和识读步骤这三个部分，如图 3-21 所示。

2. 建筑平面图的识读

建筑平面图是为了表明屋面构造，一般还要画出屋顶平面图。它不是剖面图，其俯视屋顶对的水平投影图，主要表示屋面的形状及排水情况和凸出屋面的构造位置。建筑平面图的识读可归纳为建筑平面图的用途、基本内容和识读步骤这三个部分，如图 3-22 所示。

总平面图的识读
- 总平面图的用途
  - 是工程施工的依据
  - 是室外管线布置的依据
  - 是工程预算的重要依据
- 总平面图的基本内容
  - 表明新建区域的地形、地貌、平面布置
  - 确定新建房屋的平面位置
  - 表明建筑物首层地面的绝对标高，说明土方填挖情况、地面坡度及雨水排除方向
  - 用指北针和风向频率玫瑰图来表示建筑物的朝向
  - 根据工程的需要，有时还有水、暖、电等管线总平面，各种管线综合布置图、竖向设计图、道路纵横剖面图及绿化布置图等
- 识读步骤
  - 在阅读总平面图之前要先熟悉相应图例，熟悉图例是阅读总平面图应具备的基本知识
  - 查看总平面图的比例和风向频率玫瑰图，确定总平面图中的方向，找出规划红线，确定总平面图所表示的整个区域中土地的使用范围
  - 按照图例的表示方法找出并区分各种建筑物。根据指北针或坐标确定建筑物方向。根据总平面图中的坐标及尺寸标注查找出新建建筑物的尺寸及定位依据
  - 了解建筑物周围环境及地形、地物情况，以确定新建建筑物所在的地形情况及周围地物情况。了解总平面图中的道路、绿化情况，以确定新建建筑物建成后的人流方向和交通情况及建成后的环境绿化情况

图 3-21　总平面图的识读

建筑平面图的识读
- 建筑平面图的用途
  - 是施工放线，砌墙、柱，安装门窗框、设备的依据
  - 是编制和审查工程预算的主要依据
- 建筑平面图的基本内容
  - 表明建筑物的平面形状，内部各房间包括走廊、楼梯出入口的布置及朝向
  - 表明建筑物及其各部分的平面尺寸
  - 表明地面及各层楼面的标高
  - 表明各种门、窗位置，代号和编号，以及门的开启方向
  - 表示剖面图剖切符号、详图索引符号的位置及编号
  - 综合反映其他各工种(工艺、水、暖、电)对土建的要求
- 识读步骤
  - 拿到一套建筑平面图后，应从底层看起，先看图名比例和指北针，了解此张平面图的绘图比例及房屋朝向
  - 在底层平面图上看建筑门厅、室外台阶、花池和散水的情况
  - 看房屋的外形和内部墙体的分隔情况，了解房屋平面形状和房间分布、用途、数量及相互间的联系
  - 看图中定位轴线的编号及其间距尺寸，从中了解各承重墙或柱的位置及房间大小，先记住大致的内容，以便施工时定位放线和查阅图样
  - 看平面图中的内部尺寸和外部尺寸，从各部分尺寸的标注，可以知道每个房间的开间、进深、门窗、空调孔、管道以及室内设备的大小、位置等，不清楚的要结合立面、剖面，一步步地看
  - 看门窗的位置和编号，了解门窗的类型和数量，还有其他构配件和固定设施的图例
  - 在底层平面图上，看剖面的剖切符号，了解剖切位置及其编号
  - 看地面的标高、楼面的标高、索引符号等

图 3-22　建筑平面图的识读

3. 建筑立面图的识读

建筑立面图，简称立面图，就是对房屋的前后左右各个方向所作的正投影图。建筑立面图的识读可归纳为建筑立面图的用途、基本内容和识读步骤这三个部分，如图 3-23 所示。

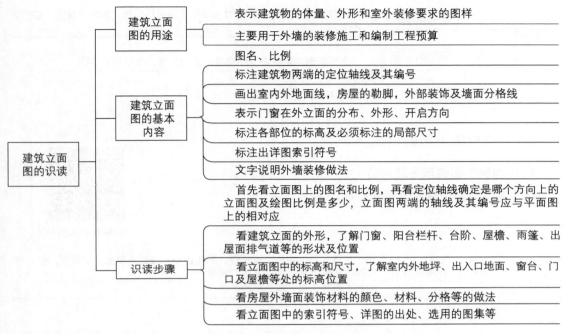

图 3-23　建筑立面图的识读

4. 建筑剖面图的识读

建筑剖面图简称剖面图，一般是指建筑物的垂直剖面图，且多为横向剖切形式。建筑剖面图的识读可归纳为建筑剖面图的用途、基本内容和识读步骤这三个部分，如图 3-24 所示。

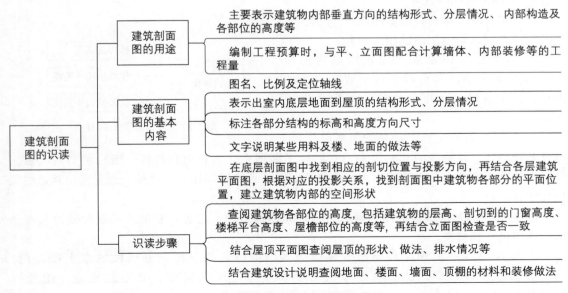

图 3-24　建筑剖面图的识读

5. 建筑详图的识读

把房屋的某些细部构造及构配件用较大的比例将其形状、大小、材料和做法详细表达出来的图样,简称详图或大样图、节点图。建筑详图的分类如图 3-25 所示。

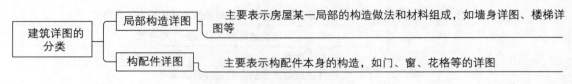

图 3-25　建筑详图的分类

五、　结构施工图的识读

1. 结构施工图的用途及内容

结构施工图的用途及内容如图 3-26 所示。

结构施工图

扫码查看本资料

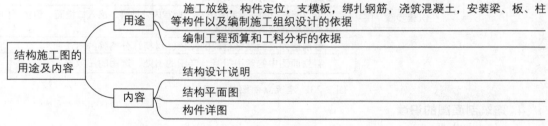

图 3-26　结构施工图的用途及内容

2. 结构施工图的种类

(1) 结构施工图的种类如图 3-27 所示。

(2) 不同结构施工图的相关内容

① 基础结构图是表示建筑物室内地面(±0.000)以下基础部分的平面布置和构造的图样,包括基础平面图、基础详图和文字说明等。

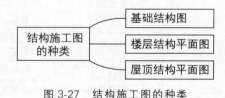

图 3-27　结构施工图的种类

a. 基础平面图主要表示基础的平面位置,以及基础与墙、柱轴线的相对关系。在基础平面图中,被剖切到的基础墙轮廓要画成粗实线。在基础平面图中,必须标注出与建筑平面图一致的轴间尺寸。此外,还应注出基础的宽度尺寸和定位尺寸。

b. 基础详图是用放大的比例画出的基础局部构造图,它表示基础不同断面处的构造做法、详细尺寸和材料。

② 楼层结构平面图是假想沿着楼板面(结构层)把房屋剖开所做的水平投影图。它主要表示楼板、梁、柱、墙等结构的平面布置,现浇楼板、梁等的构造、配筋以及各构件间的联结关系。一般由平面图和详图所组成。

③ 屋顶结构平面图是表示屋顶承重构件布置的平面图,它的图示内容与楼层结构平面

图基本相同，对于平屋顶，因屋面排水的需要，承重构件应按一定坡度铺设，并设置天沟、上人孔、屋顶水箱等。

六、 施工图识读应注意的问题

施工图识读应注意的问题如图 3-28 所示。

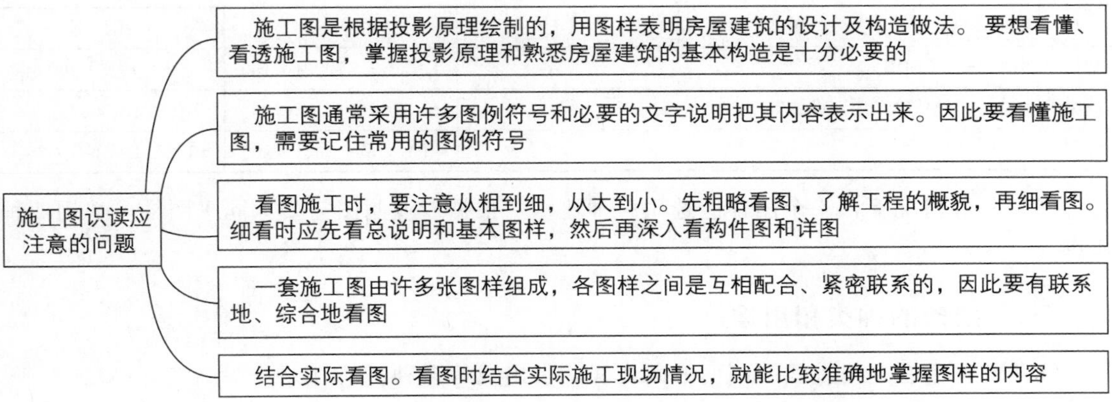

施工图识读应注意的问题

施工图是根据投影原理绘制的，用图样表明房屋建筑的设计及构造做法。要想看懂、看透施工图，掌握投影原理和熟悉房屋建筑的基本构造是十分必要的

施工图通常采用许多图例符号和必要的文字说明把其内容表示出来。因此要看懂施工图，需要记住常用的图例符号

看图施工时，要注意从粗到细，从大到小。先粗略看图，了解工程的概貌，再细看图。细看时应先看总说明和基本图样，然后再深入看构件图和详图

一套施工图由许多张图样组成，各图样之间是互相配合、紧密联系的，因此要有联系地、综合地看图

结合实际看图。看图时结合实际施工现场情况，就能比较准确地掌握图样的内容

图 3-28 施工图识读应注意的问题

第三节 装饰装修工程施工图常用图例与识读方法

一、 图线要求

（1）图线的宽度 b 应根据图样的复杂程度和比例，按现行国家标准《房屋建筑制图统一标准》（GB/T 50001—2010）中图线的有关规定选用。

（2）总图制图应根据图纸功能，按表 3-12 规定的线型选用。

表 3-12 图线选型

名称		线型	线宽	用途
实线	粗		b	主要可见轮廓线
	中粗		0.7b	可见轮廓线
	中		0.5b	可见轮廓线、尺寸线,变更云线
	细		025b	图例填充线、家具线
虚线	粗		b	见各有关专业制图标准
	中粗		0.7b	不可见轮廓线
	中		0.5b	不可见轮廓线、图例线
	细		025b	图例填充线、家具线
单点长划线	粗		b	见各有关专业制图标准
	中		0.5b	见各有关专业制图标准
	细		025b	中心线、对称线、轴线等
双点长划线	粗		b	见各有关专业制图标准
	中		0.5b	见各有关专业制图标准
	细		025b	假想轮廓线、成型前原始轮廓线
折断线	细		025b	断开界线
波浪线	细		025b	断开界线

二、 比例要求

（1）制图所选用的比例应根据图样的用途与被绘对象的复杂程度，从表 3-13 中选用，并应优先采用表中的常用比例。

表 3-13 制图比例选择

图名	常用比例	可用比例
结构平面图、基础平面图	1∶50、1∶100、1∶150	1∶60、1∶200
圈梁平面图，总图中管沟、地下设施等	1∶200、1∶500	1∶300
详图	1∶10、1∶20、1∶50	1∶5、1∶30、1∶25

（2）一般情况下，一个图样应选用一种比例。根据专业制图需要，同一图样可选用两种比例。

三、 线条的种类和用途

线条的种类有定位轴线、剖面的剖切线、引出线等多种。

1. 定位轴线

① 定位轴线应用细单点长划线绘制。

② 定位轴线应编号，编号应注写在轴线端部的圆内。圆应用细实线绘制，直径为 8～10mm。定位轴线圆的圆心应在定位轴线的延长线上或延长线的折线上。

③ 除较复杂需采用分区编号或圆形、折线形外，平面图上定位轴线的编号，宜标注在图样的下方或左侧。横向编号应用阿拉伯数字，从左至右顺序编写；竖向编号应用大写拉丁字母，从下至上顺序编写，如图 3-29 所示。

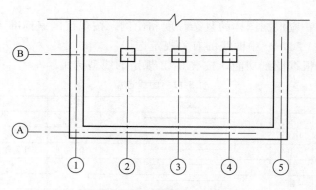

图 3-29 定位轴线的编号顺序

④ 拉丁字母作为轴线号时，应全部采用大写字母，不应用同一个字母的大小写来区分轴线号。拉丁字母的 I、O、Z 不得用作轴线编号。当字母数量不够使用，可增用双字母或单字母加数字注脚。

⑤ 组合较复杂的平面图中定位轴线也可采用分区编号，如图 3-30 所示。编号的注写形式应为"分区号-该分区编号"。"分区号-该分区编号"采用阿拉伯数字或大写拉丁字母表示。

⑥ 附加定位轴线的编号，应以分数形式表示，并应符合下列规定。

a. 两根轴线的附加轴线，应以分母表示前一轴线的编号，分子表示附加轴线的编号。

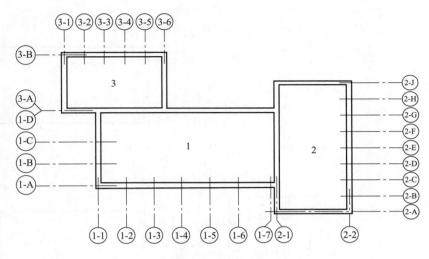

图 3-30　定位轴线的分区编号

编号宜用阿拉伯数字顺序编写。

  b.1 号轴线或 A 号轴线之前的附加轴线的分母应以 01 或 0A 表示。

  ⑦ 一个详图适用于几根轴线时，应同时注明各有关轴线的编号，如图 3-31 所示。

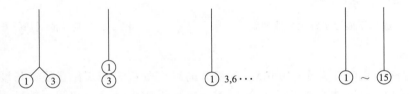

图 3-31　详图的轴线编号

  ⑧ 通用详图中的定位轴线，应只画圆，不注写轴线编号。

  ⑨ 圆形与弧形平面图中的定位轴线，其径向轴线应以角度进行定位，其编号宜用阿拉伯数字表示，从左下角或−90°（若径向轴线很密，角度间隔很小）开始，按逆时针顺序编写；其环向轴线宜用大写阿拉伯数字表示，从外向内顺序编写，如图 3-32、图 3-33 所示。

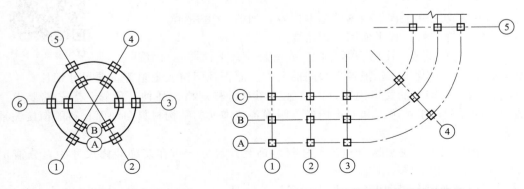

图 3-32　圆形平面定位轴线的编号　　　　图 3-33　弧形平面定位轴线的编号

  ⑩ 折线形平面图中定位轴线的编号编写如图 3-34 所示。

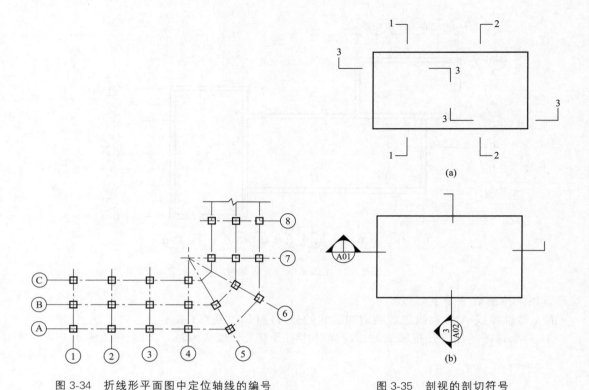

图 3-34　折线形平面图中定位轴线的编号　　　　图 3-35　剖视的剖切符号

2. 剖切线

剖切位置线的长度宜为 6～10mm；剖视方向线应垂直于剖切位置线，长度应短于剖切位置线，宜为 4～6mm，如图 3-35（a）所示，也可采用国际统一和常用的剖视方法，如图3-35（b）所示。绘制时，剖视剖切符号不应与其他图线相接触。

3. 引出线和标高

引出线和标高的注写方式见本章第一节所述。

四、 平面图的识读方法

装饰装修平面施工图

扫码查看本资料

1. 装饰装修工程平面图

（1）装饰装修工程平面图的基本内容。如图 3-36 所示。

（2）装饰装修工程平面图的识读要点

① 首先看图名、比例、标题栏，弄清是什么平面图；再看建筑平面基本结构及尺寸，把各个房间的名称、面积及门窗、走道等主要尺寸记住。

② 通过装饰面的文字说明，弄清施工图对材料规格、品种、色彩、工艺的要求。结合装饰面的面积，组织施工和安排用料。明确各装饰面的结构材料与饰面材料的衔接关系与固定方式。

③ 确定尺寸。先要区分建筑尺寸与装饰装修尺寸，再在装饰装修尺寸中，分清定位尺寸、外形尺寸和结构尺寸。

④ 通过平面布置图上的符号来确定相关情况。

a. 通过投影符号，明确投影面编号和投影方向，并进一步查出各投影方向的立面图。

b. 通过剖切符号，明确剖切位置及其剖切方向，进一步查阅相应的剖面图。

表明建筑物的平面形状与尺寸。建筑物在装饰平面图中的平面尺寸常分为三个层次。最外一层是外包尺寸,表明建筑物的总长度;第二层是房间的净空尺寸;第三层是门窗、墙垛、柱、楼梯等的结构尺寸

表明装修装饰结构在建筑物内的平面位置及与建筑结构的相互关系尺寸,表明装饰结构的具体形状和尺寸,表明装饰面的材料和工艺要求等

表明室内设备、家具安放的位置及与装饰布局的关系尺寸,表明设备及家具的数量、规格和要求

表明各种房间的位置及功能,走道、楼梯、防火通道、安全门、防火门等人员流动空间的位置与尺寸

装饰装修工程平面图的基本内容

表明各剖面图的剖切位置、详图和通用配件等的位置及编号

表明门、窗的开启方向与位置尺寸

表明各立面图的视图投影关系和视图位置编号

表明台阶、水池、组景、踏步、雨篷、阳台、绿化设施的位置及关系尺寸

标注图名和比例。此外整张图纸还有图标和会签栏,以作图纸的文件标志

用文字说明图例和其他符号表达不足的内容

图 3-36 装饰装修工程平面图的基本内容

c. 通过索引符号,明确被索引部位和详图所在位置。

2. 天棚平面图

(1) 天棚平面图的基本内容如图 3-37 所示。

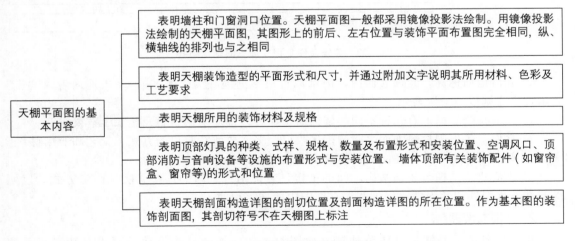

天棚平面图的基本内容

表明墙柱和门窗洞口位置。天棚平面图一般都采用镜像投影法绘制。用镜像投影法绘制的天棚平面图,其图形上的前后、左右位置与装饰平面布置图完全相同,纵、横轴线的排列也与之相同

表明天棚装饰造型的平面形式和尺寸,并通过附加文字说明其所用材料、色彩及工艺要求

表明天棚所用的装饰材料及规格

表明顶部灯具的种类、式样、规格、数量及布置形式和安装位置、空调风口、顶部消防与音响设备等设施的布置形式与安装位置、墙体顶部有关装饰配件(如窗帘盒、窗帘等)的形式和位置

表明天棚剖面构造详图的剖切位置及剖面构造详图的所在位置。作为基本图的装饰剖面图,其剖切符号不在天棚图上标注

图 3-37 天棚平面图的基本内容

(2) 天棚平面图的识读要点

① 首先应弄清天棚平面图与平面布置图各部分的对应关系,核对天棚平面图与平面位置图的基本结构和尺寸是否相符。

② 对于某些有跌级变化的天棚,要分清其标高尺寸和线型尺寸,并结合造型平面分区线,在平面上建立起三维空间的尺度概念。

③ 通过天棚平面图,了解顶部灯具和设备设施的规格、品种与数量。

④ 通过天棚平面图上的文字标注，了解天棚所用材料的规格、品种及其施工要求。

⑤ 通过天棚平面图上的索引符号，找出详图对照阅读，弄清天棚的详细构造。

五、 立面图的识读方法

装饰装修立面施工图

扫码查看本资料

1. 装饰装修工程立面图

（1）装饰装修工程立面图的基本内容如图 3-38 所示。

（2）装饰装修工程立面图的识读要点

① 明确建筑装饰装修立面图上与该工程有关的各部分的尺寸和标高。

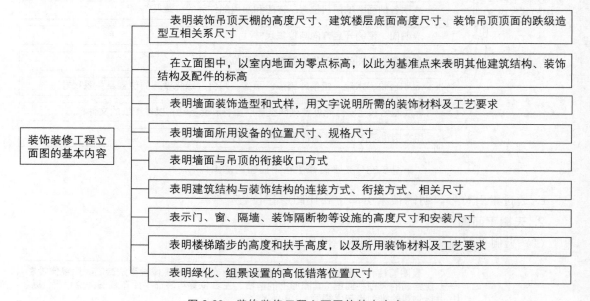

装饰装修工程立面图的基本内容

- 表明装饰吊顶天棚的高度尺寸、建筑楼层底面高度尺寸、装饰吊顶顶面的跌级造型互相关系尺寸
- 在立面图中，以室内地面为零点标高，以此为基准点来表明其他建筑结构、装饰结构及配件的标高
- 表明墙面装饰造型和式样，用文字说明所需的装饰材料及工艺要求
- 表明墙面所用设备的位置尺寸、规格尺寸
- 表明墙面与吊顶的衔接收口方式
- 表明建筑结构与装饰结构的连接方式、衔接方式、相关尺寸
- 表示门、窗、隔墙、装饰隔断物等设施的高度尺寸和安装尺寸
- 表明楼梯踏步的高度和扶手高度，以及所用装饰材料及工艺要求
- 表明绿化、组景设置的高低错落位置尺寸

图 3-38 装饰装修工程立面图的基本内容

② 弄清地面标高，装饰立面图一般都以首层室内地坪为±0.000，高出地面者以"＋"表示，反之则以"－"表示。

③ 弄清每个立面上有几种不同的装饰面，这些装饰面所用材料及施工工艺要求。

④ 立面上各不同材料饰面之间的衔接收口较多，要注意收口的方式、工艺和所用材料。

⑤ 要注意电源开关、插座等设施的安装位置和方式。

⑥ 弄清建筑结构与装饰结构之间的衔接，装饰结构之间的连接方法和固定方式，以便提前准备预埋件和紧固件。仔细阅读立面图中的文字说明。

2. 外视立面图

建筑装饰立面图就是以建筑外视立面图为主体，结合装饰设计的要求，补充图示的内容。

外视立面图多见于对建筑物与建筑构件的外观表现，任何物体外形均用外视立面图来表现，它的使用范围很广泛。在建筑装饰装修工程中，外视立面图主要适用于室外装饰装修工程，其图示方法也适用于室内装饰立面图。

在三视图中外观立面图最富有感染力和空间存在感，任何人一看就能理解，用于建筑方案图上可以表现建筑造型和建筑效果。在建筑施工图中，建筑外观立面图表达了建筑外部做法，在室外装饰装修施工图表现了建筑装饰艺术。

六、 剖面图的识读方法

装饰装修剖面施工图

扫码查看本资料

1. 装饰装修工程剖面图的基本内容

装饰装修工程剖面图的基本内容如图 3-39 所示。

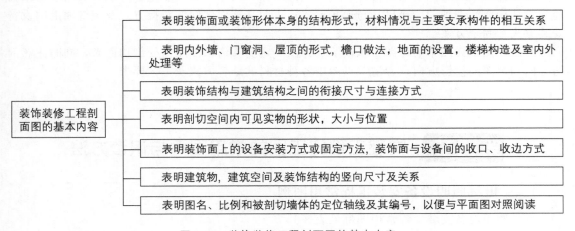

装饰装修工程剖面图的基本内容 ─ 表明装饰面或装饰形体本身的结构形式,材料情况与主要支承构件的相互关系

表明内外墙、门窗洞、屋顶的形式,檐口做法,地面的设置,楼梯构造及室内外处理等

表明装饰结构与建筑结构之间的衔接尺寸与连接方式

表明剖切空间内可见实物的形状,大小与位置

表明装饰面上的设备安装方式或固定方法,装饰面与设备间的收口、收边方式

表明建筑物,建筑空间及装饰结构的竖向尺寸及关系

表明图名、比例和被剖切墙体的定位轴线及其编号,以便与平面图对照阅读

图 3-39 装饰装修工程剖面图的基本内容

2. 装饰装修工程剖面图的识读要求

(1) 看剖面图首先要弄清该图从何处剖切而来。分清是从平面图上还是从立面图上剖切的。剖切面的编号或字母,应与剖面图符号一致,以便了解该剖面的剖切位置与方向。

(2) 通过对剖面图中所示内容的阅读研究,明确装饰装修工程各部位的构造方法、尺寸、材料要求与工艺要求。

(3) 注意剖面图上索引符号,以便识读构件或节点详图。

(4) 仔细阅读剖面图竖向数据及有关尺寸、文字说明。

(5) 注意剖面图中各种材料的结合方式及工艺要求。

(6) 弄清剖面图中标注、比例。

七、 详图的识读方法

1. 局部放大图

(1) 室内装饰平面局部放大图以建筑平面图为依据,按放大的比例图示出厅室的平面结构形式和形状大小、门窗设置等,对家具、卫生设备、电器设备、织物、摆设、绿化等平面布置要表达清楚,同时还要标注有关尺寸和文字说明等。

(2) 室内装饰立面局部放大图重点表现墙面的设计,先表示出厅室围护结构的构造形式,再将墙面上的附加物,以及靠墙的家具都详细地表现出来,同时标注有关详细尺寸、图示符号和文字说明等。

2. 建筑装饰件详图

建筑装饰件项目很多,如暖气罩、吊灯、吸顶灯、壁灯、空调箱孔、送风口、回风口等。这些装饰件都可能要依据设计意图画出详图，其内容主要是标明它在建筑物上的准确位置，与建筑物其他构（配）件的衔接关系，装饰件自身构造及所用材料等内容。

建筑装饰件的图示方法要视其细部构造的繁简程度和表达的范围而定。

3. 节点详图

节点详图是将两个或多个装饰面的交汇点，按垂直或水平方向切开，并加以放大绘出的视图。

节点详图主要是标明某些构件、配件局部的详细尺寸、做法及施工要求；表明装饰结构与建筑结构之间详细的衔接尺寸与连接形式；表明装饰面之间的对接方式及装饰面上的设备安装方式和固定方法。

节点详图是详图中的详图。识读节点详图一定要弄清该图从何处剖切而来，同时注意剖切方向和视图的投影方向，弄清节点图中各种材料的结合方式及工艺要求。

第四节　安装工程施工图的常用图例与识读方法

一、电气照明设备安装工程常用图例

电气照明设备安装工程常用图例见表 3-14。

表 3-14　电气照明设备安装工程常用图例

序号	名称	图例	序号	名称	图例
1	普通配电柜		7	热水器	
2	发电站		8	荧光灯	
3	照明配电箱		9	一般灯	
4	变压器		10	电铃	
5	开关		11	电线	
6	电阻器		12	接地	

二、给水排水安装工程常用图例

给水排水安装工程常用图例见表 3-15。

表 3-15　给水排水安装工程常用图例

名称	图例	名称	图例
采暖供水干管		压力调节阀	
采暖回水干管		止回阀	
给水管(不分类)	——J——	消防喷头(闭式)	
排水管(不分类)	——P——	消防报警阀	
套管伸缩器		坐便器	

续表

名称	图例	名称	图例
地沟管	代号	蹲便器	
排水明沟		洗脸盆	
排水暗沟		洗涤盆	
存水弯		淋浴喷头	
自动冲洗水箱		矩形化粪池	HC
清扫口		除油池	YC
通气槽		沉淀池	CC
雨水斗	YD	自动排气阀	
排水漏斗		水表	
圆形地漏		管道固定支架	
阀门（不分类）		检查口	
闸阀		散热器	
截止阀		三通阀	
电动阀	M	管道泵	
减压阀		过滤器	
球阀		集气罐	
温度调节阀		风机	
手动调节阀		旋塞阀	

三、 燃气工程常用图例

燃气工程常用图例见表 3-16。

表 3-16　燃气工程常用图例

名称	图例	名称	图例
地下煤气管道	 ----------------	法兰	
地上煤气管道	 ———————	法兰堵板	
管帽		管堵	
法兰连接管道	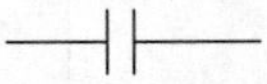	灶具	
螺纹连接管道	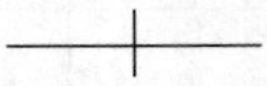	凝水器	
焊接连接管道		自立式调压器	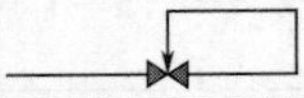
有导管煤气管道	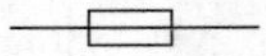	扁形过滤器	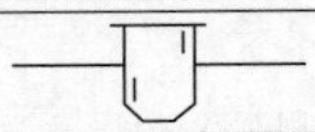
丝堵		罗茨表	
活接头	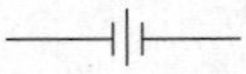	皮膜表	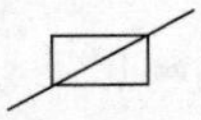
煤气气流方向		开放式弹簧安全阀	

四、 通风空调安装工程常用图例

通风空调安装工程常用图例见表 3-17。

表 3-17　通风空调安装工程常用图例

名称	符号	名称	符号
轴流风机	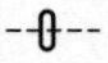	加湿器	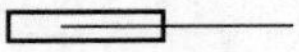
离心风机	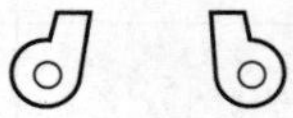	挡水板	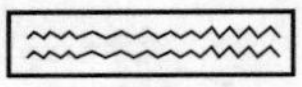
水泵		窗式空调器	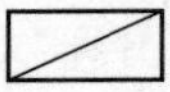
空气加热冷却器		分体空调器	
板式热换器		风机盘管	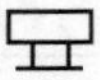

续表

名称	符号	名称	符号
空气过滤器	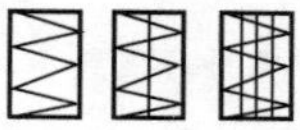	减振器	
电加热器		送风口	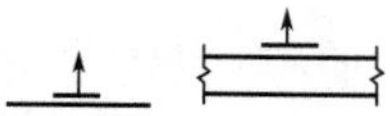
风管	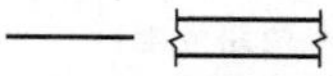	回风口	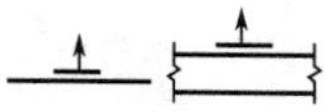
砖、混凝土风道	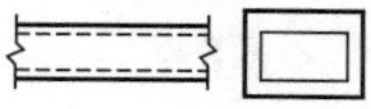	百叶窗	
风管检查孔	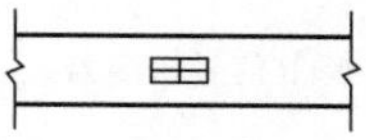	通风空调设备	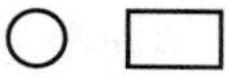
风管测定孔	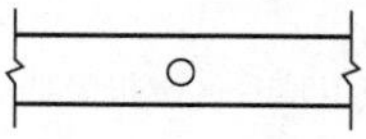	风机	
柔性连接	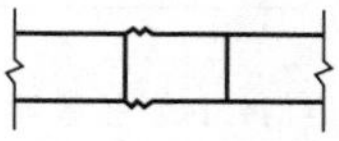	空气冷却器	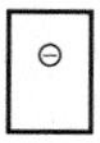
伞形风帽	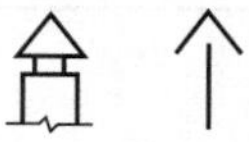	空气加热器	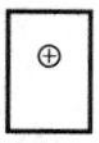
筒形风帽	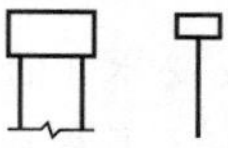	异径管	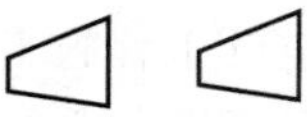
锥形风帽	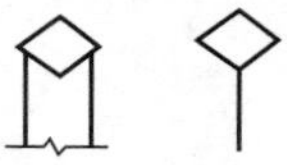	天圆地方	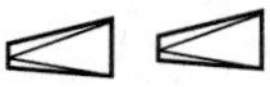
消声器		窗式空调器	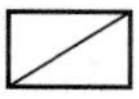

五、 智能建筑工程常用图例

智能建筑工程常用图例见表 3-18。

表 3-18   智能建筑工程常用图例

名称	符号	名称	符号
电话机一般符号	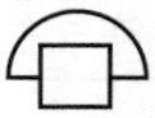	系统出线端	
传声器一般符号		室内分线盒	

续表

名称	符号	名称	符号
扬声器一般符号		室外分线盒	
传真机一般符号		分线箱	
天线一般符号		两路分配器	
电信一般插座符号		报警器	
监听器		警卫信号探测器	
呼叫机		警卫信号区域报警器	
用户分支器		警卫信号区总报警器	

六、 电气设备安装工程图的识读方法

电气工程施工图主要表示电气线路的走向及安装要求。图纸包括平面图、系统图、接线原理图及详图等。识读电气工程施工图必须按图 3-40 的要求进行。

电气工程施工图

扫码查看本资料

电气工程施工图的识读方法 ──

- 识读施工图要结合有关的技术资料，如有关的规范，标准，通用图集及施工组织设计，施工方案等一起识读，将有利于弥补施工图中的不足之处

- 要深入现场，做细致地调查和了解工作，掌握实际情况，把在图面上表示不出的一些情况弄清楚

- 要很好地熟悉各种电气设备的图例符号。对于控制原理图，要搞清主电路 (一次回路系统) 和制助电路 (二次回路系统) 的相互关系和控制原理及其作用。对于每一回路的识读应从电源端开始，顺电源线，依次掌握其通过每一电气元件时将要发生的动作及变化，以及由这些变化可能造成的连锁反应

- 在识图的全过程中，要和熟悉预算定额结合起来。把预算定额中的项目划分、包含工序、工程量的计算方法、计量单位等与施工图有机结合起来

图 3-40 电气工程施工图的识读方法

七、 给水、 排水及采暖工程施工图的识读方法

给水、排水及采暖工程施工图

扫码查看本资料

给水排水施工图主要表示管道的布置和走向，构件做法和加工安装要求。图纸包括平面图、系统图、详图等，如图 3-41 所示。

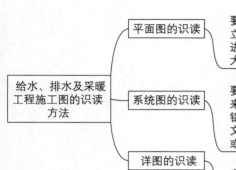

图 3-41　给水、排水及采暖工程施工图的识读方法

给水、排水及采暖工程施工图的识读方法

- **平面图的识读**：平面图主要表明建筑物内给水、排水管道及设备的平面布置。主要包括各干管、支管、立管的平面位置、管道直径尺寸及水平管、立管的编号，各管道零配件，如清扫口、阀门等的平面位置；给水进户管和污水排出管的平面位置；有关设备、卫生器具，如水表、大便器、洗涤池、地漏等的平面位置及安装说明和图例等内容

- **系统图的识读**：给水和排水管道系统轴测图，通常按系统画成正面斜等测图，主要表明管道系统的立体走向；在给水系统轴测图上卫生器具不画出来，只画出水龙头、淋浴器莲蓬头、冲洗水箱等符号；用水设备如锅炉、热交换器、水箱等则画出示意性的立体图，并在支管上注以文字说明；在排水系统轴测图上也只画出相应的卫生器具的存水弯或器具排水管

- **详图的识读**：详图主要是表明某些设备、器具和管道节点的详细构造、尺寸和安装要求

八、 通风空调工程施工图的识读

通风空调工程施工图

扫码查看本资料

1. 平面图的识读

室内采暖平面图的识读主要是为了了解管道、附件及散热器在建筑物平面上的位置，以及它们之间的相互关系。

（1） 了解建筑物内散热器（热风机、辐射板等）的平面位置、种类、片数及散热器的安装方式（明装、暗装或半暗装）。

（2） 了解水平立管的布置方式、干管上的阀门、固定支架、补偿器等的平面位置和型号，以及干管的管径。通过立管编号查清系统立管数量和布置位置。

（3） 在热水采暖系统平面图上还标有膨胀水箱、集气 罐等设备的位置、型号以及设备上连接管道的平面布置和管道直径。

（4） 在蒸汽采暖系统平面图上还有疏水装置的平面位置及其规格尺寸。

（5） 查明热媒入口及入口地沟的情况。

2. 系统轴测图的识读

系统轴测图是以平面图为主视图，进行斜投影绘制的斜等测图。

（1） 了解各管段管径、坡度坡向、水平管的标高、管道的连接方法以及立管编号等。

（2） 了解散热器类型及片数。

（3） 要查清各种阀件、附件与设备在系统中的位置，凡注有规格型号者，要与平面图和材料明细表进行核对。

（4） 查明热媒入口装置中各种设备、附件、阀门、仪表之间的关系及热媒的来源、流向、坡向、标高、管径等。有节点详图时，要查明详图编号。

3. 详图的识读

详图是表明某些供暖设备的制作、安装和连接的详细情况的图样。室内采暖详图，包括标准图和非标准图两种，也可直接查阅标准图集或有关施工图。非标准详图是指在平面图、系统图中表示不清而又无标准详图的节点和做法，此时须另外绘制出详图。

第一节　建筑工程定额概述

一、建筑工程定额的概念

建筑工程定额是指在正常的施工生产条件下，用科学方法制定出的生产质量合格的单位建筑产品所需要消耗的劳动力、材料和机械台班等的数量标准。

二、建筑工程定额的特点

建筑工程定额的特点主要表现在五个方面，如图 4-1 所示。

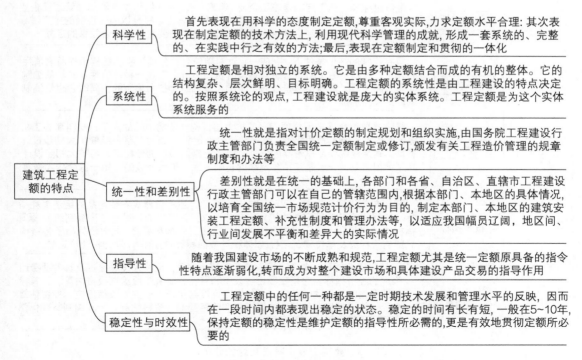

图 4-1　建筑工程定额的特点

三、 建筑工程定额的分类

1. 按生产要素分类

建筑工程定额按生产要素的分类如图 4-2 所示。

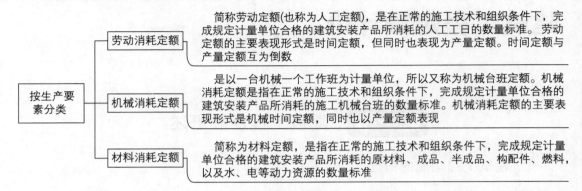

图 4-2　建筑工程定额按生产要素的分类

2. 按用途分类

建筑工程定额按用途的分类如图 4-3 所示。

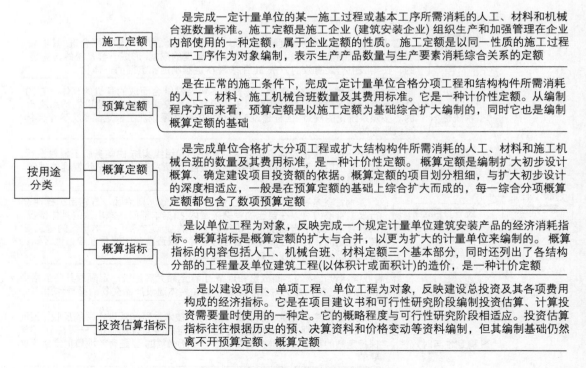

图 4-3　建筑工程定额按用途的分类

3. 按主编单位和管理权限分类

建筑工程定额按主编单位和管理权限的分类如图 4-4 所示。

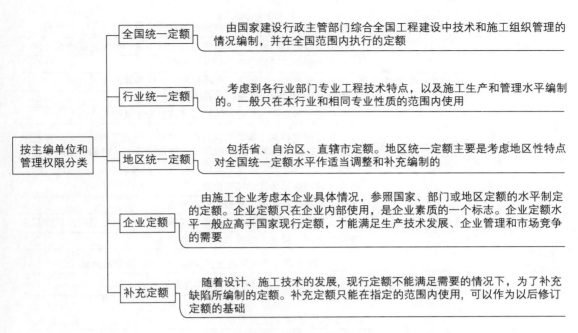

图 4-4　建筑工程定额按主编单位和管理权限的分类

第二节　建筑工程预算定额的组成与应用

一、　建筑工程预算定额的组成

建筑工程预算定额的组成如图 4-5 所示。

二、　建筑工程预算定额的应用

1. 定额直接套用

（1）在实际施工内容与定额内容完全一致的情况下，定额可以直接套用。

（2）套用预算定额的注意事项如图 4-6 所示。

2. 定额的换算

在实际施工内容与定额内容不完全一致的情况下，并且定额规定必须进行调整时，定额必须换算，使换算以后的内容与实际施工内容完全一致。在子目定额编号的尾部加一"换"字。

$$换算后的定额基价＝原定额基价＋调整费用$$

其中　　　　　　　　调整费用＝换入的费用－换出的费用

或　　　　　　　　　调整费用＝增加的费用－扣除的费用

3. 换算的类型

价差换算、量差换算、量价差混合换算、乘系数等。

预算定额的适用范围、指导思想及目的作用

预算定额的编制原则、主要依据及上级下达的有关定额修编文件

使用本定额必须遵守的规则及适用范围

预算定额总说明 —— 定额所采用的材料规格、材质标准，允许换算的原则

定额在编制过程中已经包括及未包括的内容

各分部工程定额的共性问题的有关统一规定及使用方法

工程量计算规则 —— 工程量是核算工程造价的基础，是分析建筑工程技术经济指标的重要数据，是编制计划和统计工作的指标依据。必须根据国家有关规定，对工程量的计算做出统一的规定

分部工程所包括的定额项目内容

分部工程各定额项目工程量的计算方法

分部工程说明 —— 分部工程定额内综合的内容及允许换算和不得换算的界限及其他规定

使用本分部工程允许增减系数范围的界定

建筑工程预算定额的组成

在定额项目表表头上方说明分项工程的工作内容

分项工程定额表头说明 —— 本分项工程包括的主要工序及操作方法

分项工程定额编号(子目号)

分项工程定额名称

预算价值(基价)。其中包括：人工费、材料费、机械费

人工表现形式。包括工日数量、工日单价

定额项目表 —— 材料(含构配件)表现形式，材料栏内一系列主要材料和周转使用材料的名称及消耗数量。次要材料一般都以其他材料形式以金额"元"或占主要材料的比例表示

施工机械表现形式，机械栏内有两种列法：一种是列主要机械名称规格和数量，次要机械以其他机械费形式以金额"元"或占主要主要机械的比例表示

预算定额的基价，人工工日单价、材料价格、机械台班单价均以预算价格为准

说明和附注，在定额表下说明应调整，换算的内容和方法

图 4-5　建筑工程预算定额的组成

根据施工图、设计说明、标准图做法说明，选择预算定额项目

应从工程内容、技术特征和施工方法上仔细核对，才能准确地确定与施工图相对应的预算定额项目

施工图中分项工程的名称、内容和计量单位要与预算定额项目相一致

套用预算定额的注意事项 —— 理解应用的本质：是根据实际工程要求，熟练地运用定额中的数据进行实物量和费用的计算。并且要不拘泥于规则，在正确理解的基础上结合工程实际情况灵活运用

看懂定额项目表

重视依据：总说明、分部工程说明、附注

图 4-6　套用预算定额的注意事项

第三节 建筑工程定额的编制

一、 预算定额的编制

1. 预算定额的编制原则、 依据和步骤

（1） 为保证预算定额的质量， 充分发挥预算定额的作用， 使实际使用简便， 在预算定额的编制工作中应遵循图 4-7 所示原则。

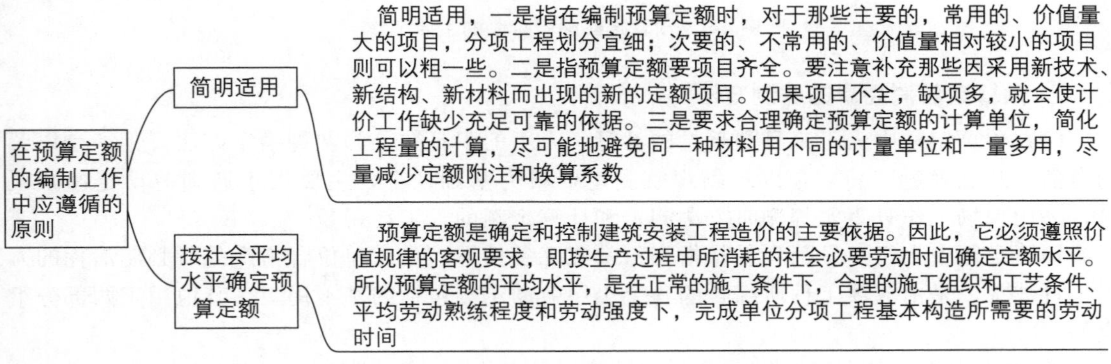

在预算定额的编制工作中应遵循的原则

简明适用 —— 简明适用， 一是指在编制预算定额时， 对于那些主要的、常用的、价值量大的项目，分项工程划分宜细；次要的、不常用的、价值量相对较小的项目则可以粗一些。二是指预算定额要项目齐全。要注意补充那些因采用新技术、新结构、新材料而出现的新的定额项目。如果项目不全，缺项多，就会使计价工作缺少充足可靠的依据。三是要求合理确定预算定额的计算单位，简化工程量的计算，尽可能地避免同一种材料用不同的计量单位和一量多用，尽量减少定额附注和换算系数

按社会平均水平确定预算定额 —— 预算定额是确定和控制建筑安装工程造价的主要依据。因此，它必须遵照价值规律的客观要求，即按生产过程中所消耗的社会必要劳动时间确定定额水平。所以预算定额的平均水平，是在正常的施工条件下，合理的施工组织和工艺条件、平均劳动熟练程度和劳动强度下，完成单位分项工程基本构造所需要的劳动时间

图 4-7 在预算定额的编制工作中应遵循的原则

（2） 预算定额的编制依据如图 4-8 所示。

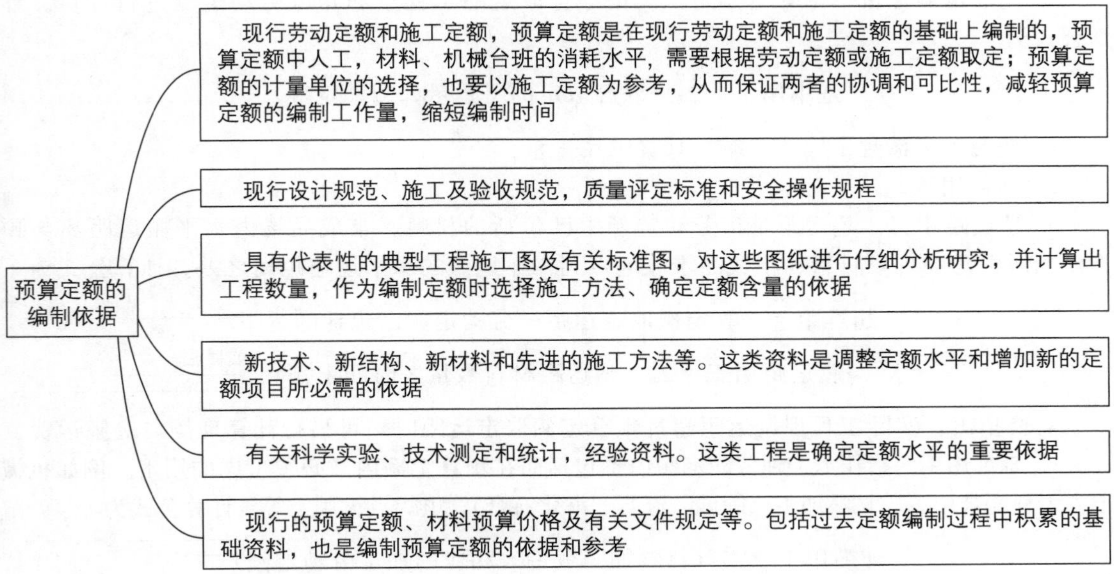

预算定额的编制依据

现行劳动定额和施工定额，预算定额是在现行劳动定额和施工定额的基础上编制的，预算定额中人工，材料、机械台班的消耗水平，需要根据劳动定额或施工定额取定；预算定额的计量单位的选择，也要以施工定额为参考，从而保证两者的协调和可比性，减轻预算定额的编制工作量，缩短编制时间

现行设计规范、施工及验收规范，质量评定标准和安全操作规程

具有代表性的典型工程施工图及有关标准图，对这些图纸进行仔细分析研究，并计算出工程数量，作为编制定额时选择施工方法、确定定额含量的依据

新技术、新结构、新材料和先进的施工方法等。这类资料是调整定额水平和增加新的定额项目所必需的依据

有关科学实验、技术测定和统计，经验资料。这类工程是确定定额水平的重要依据

现行的预算定额、材料预算价格及有关文件规定等。包括过去定额编制过程中积累的基础资料，也是编制预算定额的依据和参考

图 4-8 预算定额的编制依据

（3）预算定额的编制程序及要求。预算定额的编制，大致可以分为准备工作、收集资料、编制定额、报批和修改定稿五个阶段。各阶段工作相互有交叉，有些工作还有多次反复。其中，预算定额编制阶段的主要工作如图 4-9 所示。

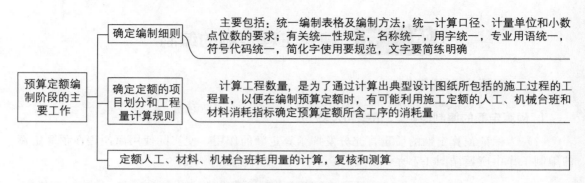

图 4-9　预算定额编制阶段的主要工作

2. 预算定额消耗量的编制方法

（1）预算定额中人工工日消耗量的计算。人工的工日数分为两种确定方法。其一是以劳动定额为基础确定；其二是以现场观察测定资料为基础计算，主要用于遇到劳动定额缺项时，采用现场工作日写实等测时方法测定和计算定额的人工耗用量。

预算定额中人工工日消耗量是指在正常施工条件下，生产单位合格产品所必需消耗的人工工日数量，是由分项工程所综合的各个工序劳动定额包括的基本用工、其他用工两部分组成的。

① 基本用工。基本用工指完成一定计量单位的分项工程或结构构件的各项工作过程的施工任务所必需消耗的技术工种用工。按技术工种相应劳动定额工时定额计算，以不同工种列出定额工日。基本用工内容如下。

a. 完成定额计量单位的主要用工。按综合取定的工程量和相应劳动定额进行计算。计算公式为

$$基本用工＝\sum（综合取定的工程量×劳动定额）$$

b. 按劳动定额规定应增（减）计算的用工量。

② 其他用工。

a. 超运距用工。超运距是指劳动定额中已包括的材料、半成品场内水平搬运距离与预算定额所考虑的现场材料、半成品堆放地点到操作地点的水平运输距离之差。计算公式为

$$超运距＝预算定额取定运距－劳动定额已包括的运距$$

$$超运距用工＝\sum（超运距材料数量×时间定额）$$

需要指出，实际工程现场运距超过预算定额取定运距时，可另行计算现场二次搬运费。

b. 辅助用工。指技术工种劳动定额内不包括而在预算定额内又必须考虑的用工。例如机械土方工程配合用工、材料加工（筛砂、洗石、淋化石膏），电焊点火用工等。计算公式为

$$辅助用工＝\sum（材料加工数量×相应的加工劳动定额）$$

c. 人工幅度差。即预算定额与劳动定额的差额，主要是指在劳动定额中未包括而在正常施工情况下不可避免但又很难准确计量的用工和各种工时损失。内容包括：各工种间的工

序搭接及交叉作业相互配合或影响所发生的停歇用工；施工机械在单位工程之间转移及临时水电线路移动所造成的停工；质量检查和隐蔽工程验收工作的影响；班组操作地点转移用工；工序交接时对前一工序不可避免的修整用工；施工中不可避免的其他零星用工。

人工幅度差计算公式为

$$人工幅度差＝（基本用工＋辅助用工＋超运距用工）×人工幅度差系数$$

人工幅度差系数一般为10％～15％。在预算定额中，人工幅度差的用工量列入其他用工量中。

（2）预算定额中材料消耗量的计算。材料消耗量的计算方法如图4-10所示。

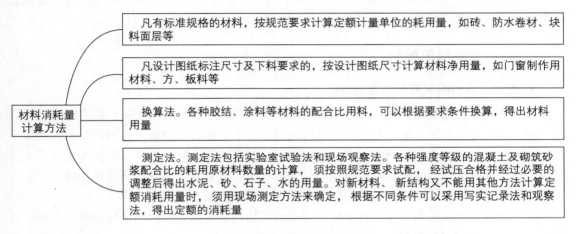

图4-10　材料消耗量的计算方法

材料损耗量指在正常条件下不可避免的材料损耗，如现场内材料运输及施工操作过程中的损耗等。其关系式为

$$材料损耗率＝\frac{损耗量}{净用量}×100\%$$

$$材料损耗量＝材料净用量×损耗率（\%）$$

$$材料消耗量＝材料净用量＋损耗量$$

或　　　　　　　　$$材料消耗量＝材料净用量×[1＋损耗率(\%)]$$

（3）预算定额中机械台班消耗量的计算。预算定额中的机械台班消耗量是指在正常施工条件下，生产单位合格产品（分部分项工程或结构构件）必需消耗的某种型号施工机械的台班数量。

① 根据施工定额确定机械台班消耗量的计算。这种方法是指用施工定额中机械台班产量加机械幅度差计算预算定额的机械台班消耗量。

机械台班幅度差是指在施工定额中所规定的范围内没有包括，而在实际施工中又不可避免产生的影响机械或使机械停歇的时间。其内容如下。

a. 施工机械转移工作面及配套机械相互影响损失的时间。

b. 在正常施工条件下，机械在施工中不可避免的工序间歇。

c. 工程开工或收尾时工作量不饱满所损失的时间。

d. 检查工程质量影响机械操作的时间。

e. 临时停机、停电影响机械操作的时间。

f. 机械维修引起的停歇时间。

大型机械幅度差系数为：土方机械25％，打桩机械33％，吊装机械30％。砂浆、混凝土搅拌机由于按小组配用，以小组产量计算机械台班产量，不另增加机械幅度差。其他分部工程中如钢筋加工、木材、水磨石等各项专用机械的幅度差为10％。

综上所述，预算定额的机械台班消耗量按下式计算

预算定额机械耗用台班＝施工定额机械耗用台班×（1＋机械幅度差系数）

② 以现场测定资料为基础确定机械台班消耗量。如遇到施工定额缺项者，则需要依据单位时间完成的产量测定。

二、 概算定额的编制

1. 概算定额的编制原则和编制依据

（1）概算定额的编制原则。概算定额编制应该贯彻遵循社会平均水平和简明适用的原则。由于概算定额和预算定额都是工程计价的依据，所以应符合价值规律和反映现阶段大多数企业的设计、生产及施工管理水平。但在概预算定额水平之间应保留必要的幅度差。概算定额的内容和深度是以预算定额为基础的综合和扩大。在合并中不得遗漏或增加项目，以保证其严密性和正确性。概算定额务必做到简化、准确和适用。

（2）概算定额的编制依据。由于概算定额的使用范围不同，其编制依据也略有不同。其编制一般依据以下资料进行。

① 现行的设计规范、施工验收技术规范和各类工程预算定额。

② 具有代表性的标准设计图纸和其他设计资料。

③ 现行的人工工资标准、材料价格、机械台班单价及其他的价格资料。

2. 概算定额的编制步骤

概算定额的编制步骤如图4-11所示。

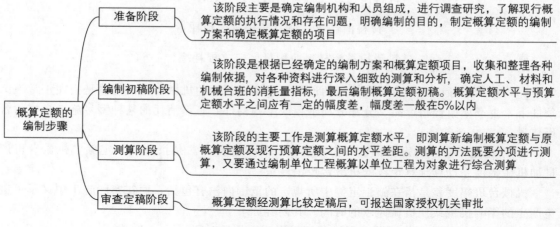

图 4-11 概算定额的编制步骤

3. 概算定额基价的编制

概算定额基价和预算定额基价一样，包括人工费、材料费和机械费。概算定额基价是通过编制扩大单位估价表所确定的单价，用于编制设计概算。概算定额基价和预算定额基价的编制方法相同。概算定额基价按下列公式计算

$$概算定额基价＝人工费＋材料费＋机械费$$

$$人工费＝现行概算定额中人工工日消耗量×人工单价$$

$$材料费＝\sum（现行概算定额中材料消耗量×相应材料单价）$$

$$机械费＝\sum（现行概算定额中机械台班消耗量×相应机械台班单价）$$

三、 概算指标的编制

1. 概算指标的编制依据

概算指标的编制依据如图 4-12 所示。

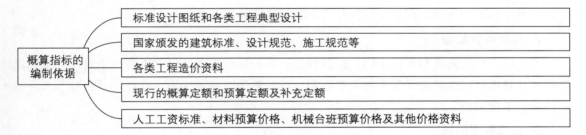

图 4-12　概算指标的编制依据

2. 概算指标的编制步骤

以房屋建筑工程为例，概算指标可按以下步骤进行编制。

（1）第一步，成立编制小组，拟订工作方案，明确编制原则和方法，确定指标的内容及表现形式，确定基价所依据的人工工资单价、材料预算价格、机械台班单价。

（2）第二步，收集整理编制指标所必需的标准设计、典型设计及有代表性的工程设计图纸、设计预算等资料，充分利用有使用价值的、已经积累的工程造价资料。

（3）第三步，编制。此阶段主要是选定图纸，并根据图纸资料计算工程量和编制单位工程预算书，以及按编制方案确定的指标项目对照人工及主要材料消耗指标，填写概算指标的表格。

每平方米建筑面积造价指标编制包括以下两个方面。

① 编写资料审查意见及填写设计资料名称、设计单位、设计日期、建筑面积及构造情况，提出审查和修改意见。

② 在计算工程量的基础上，编制单位工程预算书，据以确定每百平方米建筑面积及构造情况以及人工、材料、机械消耗指标和单位造价的经济指标。

a. 计算工程量，是根据审定的图纸和预算定额计算出建筑面积及各分部分项工程量，然后按编制方案规定的项目进行归并，并以每平方米建筑面积为计算单位，换算出所对应的工程量指标。

b. 根据计算出的工程量和预算定额等资料，编出预算书，求出每百平方米建筑面积的预算造价及人工、材料、施工机械费用和材料消耗量指标。

构筑物是以"座"为单位编制概算指标，因此，在计算完工程量，编出预算书后，不必进行换算，预算书确定的价值就是每座构筑物概算指标的经济指标。

（4）最后，核对审核、平衡分析、水平测算、审查定稿等阶段。

四、 投资估算指标的编制

1. 收集整理资料阶段

收集整理已建成或正在建设的、符合现行技术政策和技术发展方向、有可能重复采用的、有代表性的工程设计施工图、标准设计及相应的竣工决算或施工图预算资料等，这些资料是编制工作的基础，资料收集越广泛，反映出的问题越多，编制工作考虑越全面，就越有利于提高投资估算指标的实用性和覆盖面。同时，对调查收集到的资料要选择占投资比重大、相互关联多的项目进行认真的分析整理。由于已建成或正在建设的工程的设计意图、建设时间和地点、资料的基础等不同，相互之间的差异很大，需要去粗取精、去伪存真地加以整理，才能重复利用。将整理后的数据资料按项目划分栏目加以归类，按照编制年度的现行定额、费用标准和价格，调整成编制年度的造价水平及相互比例。

2. 平衡调整阶段

由于调查收集的资料来源不同，虽然经过一定的分析整理，但难免会由于设计方案、建设条件和建设时间上的差异带来的某些影响，使数据失准或漏项等。此外，必须对有关资料进行综合平衡调整。

3. 测算审查阶段

测算是将新编的指标和选定工程的概预算在同一价格条件下进行比较，检验其"量差"的偏离程度是否在允许偏差的范围之内，如偏差过大，则要查找原因，进行修正，以保证指标的确切、实用。测算同时也是对指标编制质量进行的一次系统检查，应由专人进行，以保持测算口径的统一，在此基础上组织有关专业人员全面审查定稿。

由于投资估算指标的编制计算工作量非常大，在现阶段计算机已经广泛普及的条件下，应尽可能应用电子计算机进行投资估算指标的编制工作。

第四节　企业定额

一、 企业定额的概念

企业定额是指施工企业根据本企业的施工技术和管理水平，编制完成单位合格产品所需要的人工、材料和施工机械台班的消耗量以及其他生产经营要素消耗的数量标准。

二、 企业定额的编制目的和意义

企业定额的编制目的和意义如图 4-13 所示。

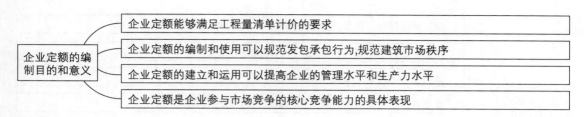

图 4-13 企业定额的编制目的和意义

三、 企业定额的作用

企业定额只能在企业内部使用，其作用如图 4-14 所示。

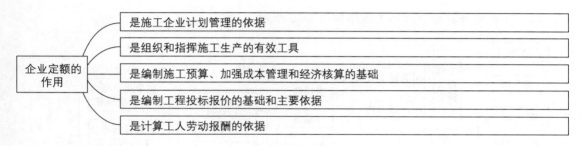

图 4-14 企业定额的作用

四、 企业定额的编制

1. 编制方法

（1）现场观察测定法：我国多年来专业测定定额常用方法是现场观察测定法。它以研究工时消耗为对象，以观察测时为手段。通过密集抽样和粗放抽样等技术进行直接的时间研究，确定人工消耗和机械台班定额水平。

现场观察测定法的特点是能够把现场工时消耗情况与施工组织技术条件联系起来加以观察、测时、计量和分析，以获得该施工过程的技术组织条件和工时消耗的有技术依据的基础资料。它不仅能为制定定额提供基础数据，而且能为改善施工组织管理，改善工艺过程和操作方法，消除不合理的工时损失和进一步挖掘生产潜力提供依据。这种方法技术简便、应用面广、资料全面，适用于对工程造价影响大的主要项目及新技术、新工艺、新施工方法的劳动力消耗和机械台班水平的测定。

（2）经验统计法：经验统计法是运用抽样统计的方法，从以往类似工程施工的竣工结算资料和典型设计图样资料及成本核算资料中抽取若干个项目的资料，进行分析和测算的方法。

经验统计法的特点是积累过程长、统计分析细致，使用时简单易行、方便快捷。缺点是模型中考虑的因素有限，而工程实际情况则要复杂得多，对各种变化情况不能一一适应，准确性也不够。

2. 编制依据

（1）企业定额的编制依据如图 4-15 所示。

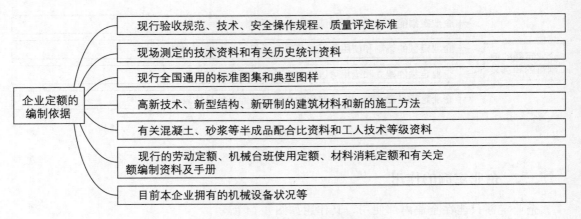

图 4-15　企业定额的编制依据

（2）工程概预算编制的基本程序如图 4-16 所示。

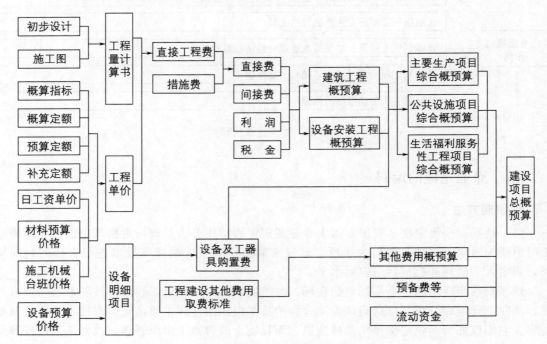

图 4-16　工程概预算编制的基本程序

第五章 ▶▶

建筑工程清单计价

第一节 建筑工程工程量清单及编制

一、 工程量清单的概念

工程量清单，是指载明建设工程分部分项工程项目、措施项目、其他项目的名称和相应数量及规费、税金项目等内容的明细清单。

二、 工程量清单的组成

工程量清单是招标文件的组成部分，是编制标底和投标报价的依据，是签订合同、调整工程量和办理竣工结算的基础，因此，一定要把握工程量清单的组成。

1. 分部（分项） 工程量清单

分部（分项）工程是分部工程和分项工程的总称。分部工程是单位工程的组成部分，是按结构部位、路段长度及施工特点或施工任务将单位工程划分为若干分部的工程。分项工程是分部工程的组成部分，是按不同施工方法、材料、工序及路段长度等将分部工程划分为若干个分项或项目的工程，例如砌筑工程分为干砌块料、浆砌块料、砖砌体等分项工程。

分部（分项）工程项目清单由五个部分组成，如图 5-1 所示。

（1）项目编码。项目编码是分部分项工程和措施项目清单名称的阿拉伯数字标志。分部分项工程量清单项目编码以五级编码设置，用十二位阿拉伯数字表示。一、二、三、四级编码为全国统一，即一至九位应按计价规范附录的规定设置；第五级即十至十二位为清单项目编码，应根据拟建工程的工程量清单项目名称设置，不得有重号，这三位清单项目编码由招标人针对招标工程项目具体编制，并应自 001 起顺序编制。各级编码代表的含义如下。

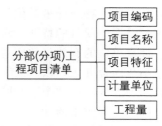

图 5-1 分部（分项）
工程项目清单的组成

第一级表示工程分类顺序码（分二位）。

第二级表示专业工程顺序码（分二位）。

第三级表示分部工程顺序码（分二位）。

第四级表示分项工程项目名称顺序码（分三位）。

第五级表示工程量清单项目名称顺序码（分三位）。

当同一标段（或合同段）的一份工程量清单中含有多个单位工程且工程量清单是以单位工程为编制对象时，在编制工程量清单时应特别注意对项目编码十至十二位的设置不得有重码的规定。

（2）项目名称。分部（分项）工程量清单的项目名称应按各专业工程计量规范附录的项目名称结合拟建工程的实际确定。附录表中的"项目名称"为分项工程项目名称，是形成分部（分项）工程量清单项目名称的基础。即在编制分部（分项）工程量清单时，以附录中的分项工程项目名称为基础，考虑该项目的规格、型号、材质等特征要求，结合拟建工程的实际情况，使其工程量清单项目名称具体化、细化，以反映影响工程造价的主要因素。清单项目名称应表达得详细、准确，各专业工程计量规范中的分项工程项目名称如有缺陷，招标人可作补充，并报当地工程造价管理机构（省级）备案。

（3）项目特征。项目特征是构成分部分项工程项目、措施项目自身价值的本质特征。项目特征是对项目的准确描述，是确定一个清单项目综合单价不可缺少的重要依据，是区分清单项目的依据，是履行合同义务的基础。分部（分项）工程量清单的项目特征应按各专业工程计量规范附录中规定的项目特征，结合技术规范、标准图集、施工图纸，按照工程结构、使用材质及规格或安装位置等，予以详细而准确的表述和说明。凡项目特征中未描述到的其他独有特征，由清单编制人视项目具体情况确定，以准确描述清单项目为准。

在各专业工程计量规范附录中还有关于各清单项目"工作内容"的描述。工作内容是指完成清单项目可能发生的具体工作和操作程序，但应注意的是，在编制分部分项工程量清单时，工作内容通常无需描述，因为在计价规范中，工程量清单项目与工程量计算规则、工作内容有一一对应关系，当采用计价规范这一标准时，工作内容均有规定。

（4）计量单位。计量单位应采用基本单位，除各专业另有特殊规定外均按以下单位计量。

① 以质量计算的项目——吨或千克（t 或 kg）。

② 以体积计算的项目——立方米（m³）。

③ 以面积计算的项目——平方米（m²）。

④ 以长度计算的项目——米（m）。

⑤ 以自然计量单位计算的项目——个、套、块、樘、组、台等。

⑥ 没有具体数量的项目——宗、项等。

各专业有特殊计量单位的，另外加以说明，当计量单位有两个或两个以上时，应根据所编工程量清单项目的特征要求，选择最适宜表现该项目特征并方便计量的单位。

计量单位的有效位数应遵守下列规定：以"t"为单位，应保留小数点后三位数字，第四位小数四舍五入；以"m""m²""m³""kg"为单位，应保留小数点后两位数字，第三位小数四舍五入；以"个""件""根""组""系统"等为单位，应取整数。

（5）工程数量的计算。工程数量主要通过工程量计算规则计算得到。工程量计算规则是指对清单项目工程量的计算规定。除另有说明外，所有清单项目的工程量应以实体工程量为准，并以完成后的净值计算；投标人投标报价时，应在单价中考虑施工中的各种损耗和需要增加的工程量。根据工程量清单计价与计量规范的规定，工程量计算规则可以分为房屋建筑与装饰工程、仿古建筑工程、通用安装工程、市政工程、园林绿化工程、矿山工程、构筑物工程、城市轨道交通工程、爆破工程九大类。

随着工程建设中新材料、新技术、新工艺等的不断涌现，计量规范附录所列的工程量清单项目不可能包含所有项目。在编制工程量清单时，当出现计量规范附录中未包括的清单项目时，编制人应作补充。在编制补充项目时应注意的问题如图 5-2 所示。

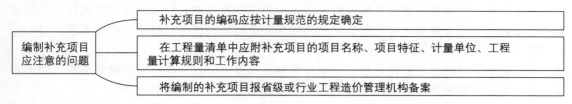

图 5-2 编制补充项目应注意的问题

2. 措施项目清单

措施项目清单是指为完成工程项目施工，发生于该工程施工准备和施工过程中的技术、生活、安全、环境保护等方面的项目。

措施项目清单应根据相关工程现行国家计量规范的规定编制，并应根据拟建工程的实际情况列项。

措施项目费用的发生与使用时间、施工方法有关，或通常与两个以上的工序相关。措施项目费用大都与实际完成的实体工程量的大小关系不大，如安全文明施工，夜间施工，非夜间施工照明，二次搬运，冬雨期施工，地上、地下设施，建筑物的临时保护设施，已完工程及设备保护等。但是有些非实体项目是可以计算工程量的项目，如脚手架工程，混凝土模板及支架（撑），垂直运输，超高施工增加，大型机械设备进出场及安拆，施工排水、降水等。这些项目与完成的工程实体具有直接关系，并且可以精确计量，用分部分项工程量清单的方式计量时采用综合单价，更有利于确定和调整。措施项目中不能计算工程量的项目清单，以"项"为计量单位进行编制。

3. 其他项目清单

其他项目清单是指分部分项工程量清单、措施项目清单所包含的内容以外，因招标人的特殊要求而发生的与拟建工程有关的其他费用项目和相应数量的清单。

工程建设标准的高低、工程的复杂程度、工程的工期长短、工程的组成内容、发包人对工程管理的要求等都直接影响其他项目清单的具体内容。

其他项目清单的组成如图 5-3 所示。

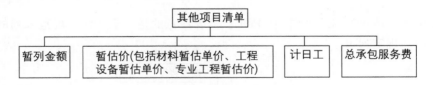

图 5-3 其他项目清单的组成

（1）暂列金额。暂列金额是指招标人在工程量清单中暂定并包括在合同价款中的一笔款项。用于工程合同签订时尚未确定或者不可预见的所需材料、工程设备、服务的采购，施工中可能发生的工程变更、合同约定的调整因素出现时的合同价款调整，以及发生的索赔、现场签证确认等的费用。不管采用何种合同形式，其理想的标准是，一份合同的价格就是其最终的竣工结算价格，或者至少两者应尽可能接近。

（2）暂估价。暂估价是指招标人在工程量清单中提供的用于支付必然发生但暂时不能确定价格的材料、工程设备的单价及专业工程的金额，包括材料暂估单价、工程设备暂估单价和专业工程暂估价。暂估价数量和拟用项目应当结合工程量清单中的"暂估价表"予以补充说明。为方便合同管理，需要纳入分部分项工程量清单项目综合单价中的暂估价应只是材料、工程设备暂估单价，以方便投标人组价。

专业工程的暂估价一般应是综合暂估价，应当包括除规费和税金以外的管理费、利润等取费。公开透明地合理确定这类暂估价的实际开支金额的最佳途径就是通过施工总承包人与工程建设项目招标人共同组织招标。

暂估价中的材料、工程设备暂估单价应根据工程造价信息或参照市场价格估算，列出明细表；专业工程暂估价应分不同专业，按有关计价规定估算，列出明细表。

（3）计日工。计日工是在施工过程中，承包人完成发包人提出的工程合同范围以外的零星项目或工作，按合同中约定的单价计价的一种方式。

计日工是为了解决现场发生的零星工作的计价而设立的。国际上常见的标准合同条款中，大多数都设立了计日工计价机制。计日工对完成零星工作所消耗的人工工时、材料数量、施工机械台班进行计量，并按照计日工表中填报的适用项目的单价进行计价支付。

计日工适用的所谓零星项目或工作一般是指合同约定之外的或者因变更而产生的、工程量清单中没有相应项目的额外工作，尤其是那些难以事先商定价格的额外工作。

（4）总承包服务费。总承包服务费是指总承包人为配合协调发包人进行的专业工程发包，对发包人自行采购的材料、工程设备等进行保管及施工现场管理、竣工资料汇总整理等服务所需的费用。招标人应预计该项费用并按投标人的投标报价向投标人支付该项费用。

4. 规费、 税金项目清单

（1）规费项目清单的组成如图5-4所示。

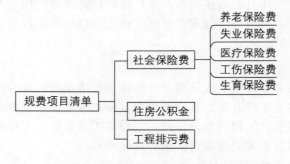

图 5-4　规费项目清单的组成

（2）税金项目清单的组成如图5-5所示。需要注意的是：出现计价规范未列的项目，应根据税务部门的规定列项。

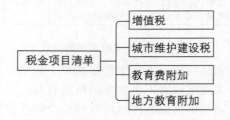

图 5-5　税金项目清单的组成

三、 建筑工程工程量清单的编制

1. 工程量清单的编制依据

工程量清单的编制依据如图5-6所示。

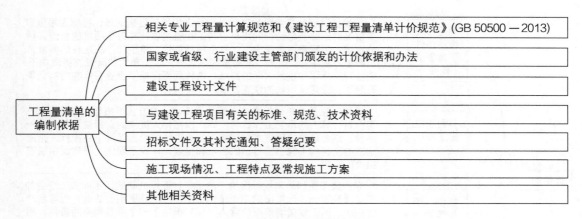

图 5-6 工程量清单的编制依据

2. 工程量清单的编制程序

工程量清单的编制程序可分为五个步骤，如图 5-7 所示。

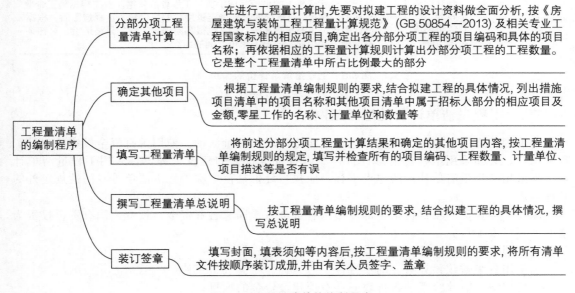

图 5-7 工程量清单的编制程序

第二节 工程量清单计价的概述

一、 工程量清单计价的概念

工程量清单计价是指投标人按照招标文件的规定，根据工程量清单所列项目，参照工程量清单计价依据计算的全部费用。

二、 工程量清单计价的作用

工程量清单计价的作用如图 5-8 所示。

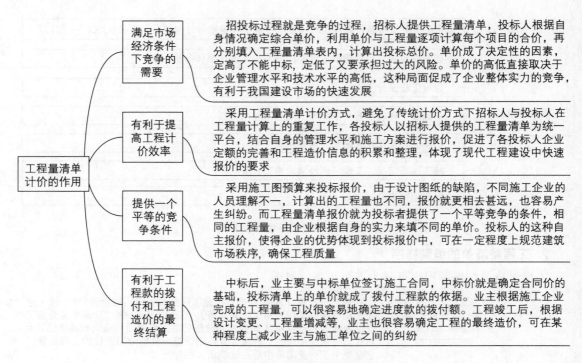

图 5-8　工程量清单计价的作用

三、　工程量清单计价的适用范围

计价规范适用于建设工程发承包及其实施阶段的计价活动。使用国有资金投资的建设工程发承包，必须采用工程量清单计价；非国有资金投资的建设工程，宜采用工程量清单计价；不采用工程量清单计价的建设工程，应执行计价规范中除工程量清单等专门性规定外的其他规定。

国有资金投资的项目包括全部使用国有资金（含国家融资资金）投资或国有资金投资为主的工程建设项目。

（1）国有资金投资的工程建设项目包括：

①使用各级财政预算资金的项目；

②使用纳入财政管理的各种政府性专项建设资金的项目；

③使用国有企事业单位自有资金，并且国有资产投资者实际拥有控制权的项目。

（2）国家融资资金投资的工程建设项目包括：

①使用国家发行债券所筹资金的项目；

②使用国家对外借款或者担保所筹资金的项目；

③使用国家政策性贷款的项目；

④国家授权投资主体融资的项目；

⑤国家特许的融资项目。

（3）国有资金（含国家融资资金）为主的工程建设项目是指国有资金占投资总额 50% 以上，或虽不足 50% 但国有投资者实质上拥有控股权的工程建设项目。

四、　工程量清单计价的基本原理

工程量清单计价的基本原理是：按照工程量清单计价规范规定，在各相应专业工程计量规范规定的工程量清单项目设置和工程量计算规则基础上，针对具体工程的施工图纸和施工组织设计计算出各个清单项目的工程量，根据规定的方法计算出综合单价，并汇总各清单合价得出工程总价。

分部分项工程费＝Σ（分部分项工程量×综合单价）

措施项目费＝Σ（措施项目工程量×综合单价）

其他项目费＝暂列金额＋暂估价＋计日工＋总承包服务费

单位工程报价＝分部分项工程费＋措施项目费＋其他项目费＋规费＋税金

单项工程报价＝Σ单位工程报价

建设项目总报价＝Σ单项工程报价

公式中，综合单价包括人工费、材料费、施工机具使用费、企业管理费和利润以及一定范围内的风险费用。风险费用是隐含于已标价工程量清单综合单价中，用于化解发承包双方在工程合同中约定内容和范围内的市场价格波动风险的费用。

工程量清单计价活动涵盖施工招标、合同管理，以及竣工交付全过程，主要包括：编制招标工程量清单、招标控制价、投标报价，确定合同价，进行工程计量与价款支付、合同价款的调整、工程结算和工程计价纠纷处理等活动。

五、 工程量清单计价的基本程序

工程量清单编制程序和应用程序分别如图 5-9 和图 5-10 所示。

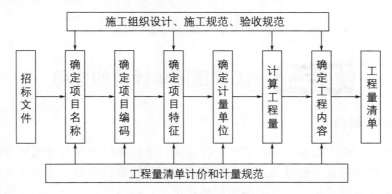

图 5-9　工程量清单编制程序

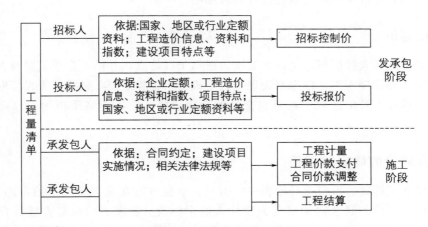

图 5-10　工程量清单应用程序

六、 建设工程造价的组成

采用工程量清单计价，建设工程造价由分部分项工程费、措施项目费、其他项目费和规费、税金组成，如图 5-11 所示。

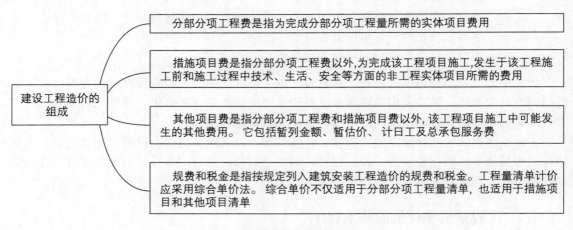

图 5-11 建设工程造价的组成

第三节 工程量清单计价的应用

一、 招标控制价

招标控制价是招标人根据国家或省级、行业建设主管部门颁发的有关计价依据和办法以及拟定的招标文件和招标工程量清单，编制的招标工程的最高限价。国有资金投资的工程建设项目应实行工程量清单招标，并应编制招标控制价，招标控制价应由具有编制能力的招标人或受其委托具有相应资质的工程造价咨询人编制。

二、 投标价

投标价是由投标人按照招标文件的要求，根据工程特点，并结合企业定额及企业自身的施工技术、装备和管理水平，依据有关规定自主确定的工程造价，是投标人投标时报出的过程合同价，是投标人希望达成工程承包交易的期望价格，它不能高于招标人设定的招标控制价。

三、 合同价的确定与调整

合同价是在工程发、承包交易过程中，由发、承包双方在施工合同中约定的工程造价。采用招标发包的工程，其合同价格应为投标人的中标价。在发、承包双方履行合同的过程中，当国家的法律、法规、规章及政策发生变化时，国家或省级、行业建设主管部门或其授权的工程造价管理机构据此发布工程造价调整文件，合同价款应当进行调整。

四、 竣工结算价

竣工结算价是由发、承包双方依据国家有关法律、法规和标准规定，按照合同约定确定的，包括在履行合同过程中按合同约定进行的工程变更、索赔和价款调整，是承包人按合同约定完成了全部承包工作后，发包人应付给承包人的合同总金额。

第六章 ▶▶

建筑工程工程量的计算

第一节 工程量基础知识

一、工程量的概念

工程量是指以物理计量单位或自然计量单位所表示的分部分项工程项目和措施项目的数量。物理计量单位是指以公制度量表示的长度、面积、体积和重量等计量单位。自然计量单位指建筑成品表现在自然状态下的简单点数所表示的个、条、樘、块等计量单位。

二、工程量的作用

工程量的作用如图 6-1 所示。

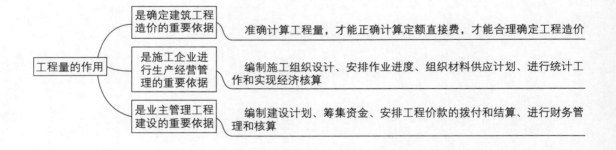

图 6-1 工程量的作用

三、工程量计算的依据

工程量计算的依据如图 6-2 所示。

四、工程量计算的顺序

工程量计算的顺序可分为两种，如图 6-3 所示。

▶▶▶ 66

五、 工程量计算的原则

工程量计算的原则如图 6-4 所示。

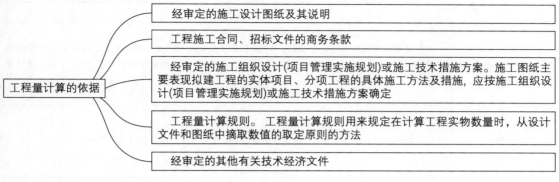

图 6-2 工程量计算的依据

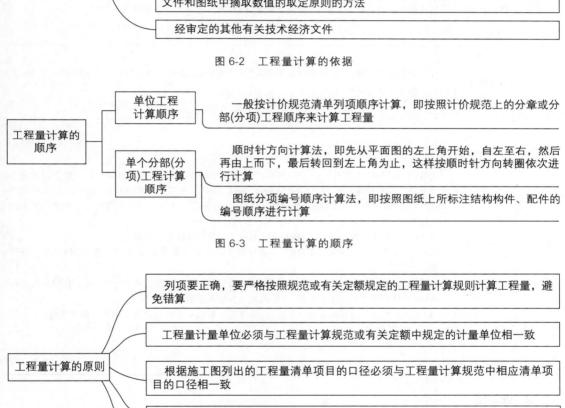

图 6-3 工程量计算的顺序

图 6-4 工程量计算的原则

六、 工程量计算的方法

运用统筹法计算工程量，就是分析工程量计算中各分部分项工程量计算之间的固有规律和相互之间的依赖关系，运用统筹法原理和统筹图图解来合理安排工程量的计算程序，以达到节约时间、简化计算、提高工效，为及时准确地编制工程预算提供科学数据的目的。

1. 基本要点

运用统筹法计算工程量的基本要点见表 6-1。

表 6-1 运用统筹法计算工程量的基本要点

项目	内容
统筹程序，合理安排	工程量计算程序的安排是否合理，关系着计量工作的效率高低、进度快慢。按施工顺序计算工程量，往往不能充分利用数据间的内在联系而形成重复计算，浪费时间和精力，有时还易出现计算差错
利用基数，连续计算	就是以"线"或"面"为基数，利用连乘或加减，算出与它有关的分部分项工程量
一次算出，多次使用	在工程量计算过程中，往往有一些不能用"线""面"基数进行连续计算的项目，如木门窗、屋架、钢筋混凝土预制标准构件等
结合实际，灵活机动	用"线""面""册"计算工程量，是一般常用的工程量基本计算方法，实践证明，在一般工程上完全可以利用。但在特殊工程上，由于基础断面、墙厚、砂浆强度等级和各楼层的面积不同，就不能完全用"线"或"面"的一个数作为基数，而必须结合实际灵活地计算。一般常遇到的几种情况及采用的方法如下。 （1）分段计算法。基础断面不同，在计算基础工程量时就应分段计算。 （2）分层计算法。如遇多层建筑物，各楼层的建筑面积或砌体砂浆强度等级不同时，均可分层计算。 （3）补加计算法。即在同一分项工程中，遇到局部外形尺寸或结构不同时，为便于利用基数进行计算，可先将其看作相同条件计算，然后再加上多出部分的工程量。 （4）补减计算法。与补加计算法相似，只是在原计算结果上减去局部不同部分的工程量

2. 统筹图

运用统筹法计算工程量，就是要根据统筹法原理对计价规范中清单列项和工程量计算规则，设计出计算工程量程序统筹图。

统筹图以"三线一面"作为基数，连续计算与之有共性关系的分部分项工程量，而与基数无共性关系的分部分项工程量则用"册"或图示尺寸进行计算。

（1）统筹图主要由计算工程量的主次程序线、基数、分部分项工程量计算式及计算单位组成。主要程序线是指在"线""面"基数上连续计算项目的线，次要程序线是指在分部分项项目上连续计算的线。

（2）统筹图的计算程序安排原则：共性合在一起，个性分别处理；先主后次，统筹安排；独立项目单独处理。

（3）用统筹法计算工程量的步骤如图 6-5 所示。

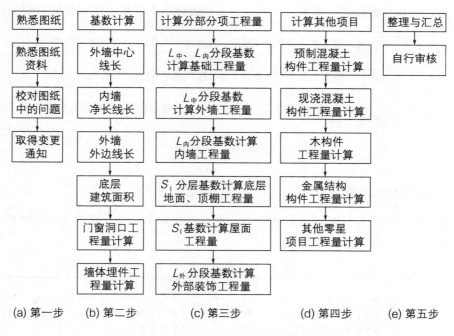

图 6-5 利用统筹法计算分部分项工程量步骤图

七、 工程量计算的注意事项

工程量计算的注意事项如图 6-6 所示。

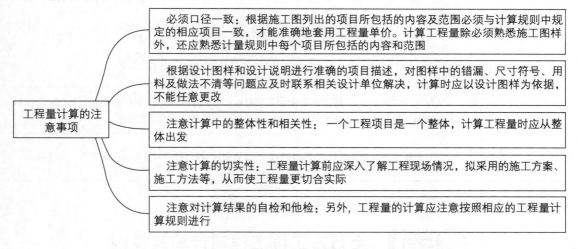

图 6-6 工程量计算的注意事项

第二节 建筑面积计算概述

一、 建筑面积的计算概念

建筑物的水平平面面积，即外墙勒脚以上各层水平投影面积的总和。建筑面积包括使用面积、辅助面积和结构面积，如图 6-7 所示。有效面积是指使用面积和辅助面积的总和。

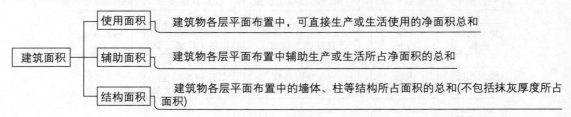

图 6-7 建筑面积

二、 建筑面积的作用

建筑面积计算是工程计量的最基础工作，在工程建设中具有重要意义。建筑面积计算的作用见表 6-2。

表 6-2 建筑面积计算的作用

项目	内容
是确定建设规模的重要指标	项目立项批准文件所核准的建筑面积,是初步设计的重要控制指标。对于国家投资的项目,施工图的建筑面积不得超过初步设计的 5%,否则必须重新报批
是确定各项技术经济指标的基础	有了建筑面积,才能确定每平方米建筑面积的工程造价。 $$单位面积工程造价=\frac{工程造价}{建筑面积}$$ 此外,还有很多其他的技术经济指标(如每平方米建筑面积的工料用量),也需要建筑面积这一数据,如: $$单位建筑面积的材料消耗指标=\frac{工程材料耗用量}{建筑面积}$$ $$单位建筑面积的人工用量=\frac{工程人工工日耗用量}{建筑面积}$$
是计算有关分项工程量的依据	应用统筹计算方法,根据底层建筑面积,就可以很方便地推算出室内回填土体积、地(楼)面面积和天棚面积等。另外,建筑面积也是脚手架、垂直运输机械费用的计算依据
是选择概算指标和编制概算的主要依据	概算指标通常以建筑面积为计量单位。用概算指标编制概算时,要以建筑面积为计算基础

第三节 土石方工程工程量计算及实例

一、 土方工程清单工程量计算实例

【实例 6-1】 某建筑物底层平面示意图如图 6-8 所示，土壤类别为三类土，弃土运距 100m，计算该建筑物平整场地的工程量。

【解】 平整场地的工程量＝建筑物直线长度×建筑物底层宽度＋半圆弧面积×2

$$=135×90+1/2×3.14×45^2×2=18508.50（m^2）$$

【实例 6-2】 某建筑物方形地坑开挖放坡示意图如图 6-9 所示，工作面宽度 150mm，

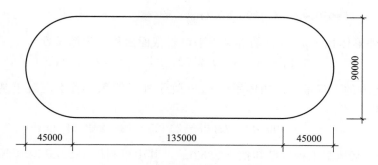

图 6-8 某建筑物底层平面示意图

土壤类别为三类土，计算挖基础土方的工程量。

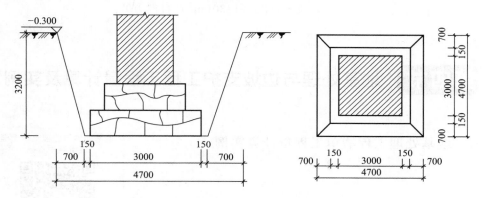

图 6-9 方形地坑开挖放坡示意图

【解】 挖基础土方的工程量＝基础长度×基础宽度×开挖深度

$$=3.0×3.0×3.2=28.80（m^3）$$

二、 石方工程清单工程量计算实例

【实例 6-3】 某沟槽施工现场为坚硬岩石，外墙沟槽开挖，长度为 10m，深 1.5m，宽 1.8m，计算沟槽开挖工程量。

【解】 沟槽开挖工程量＝开挖长度×开挖深度×开挖宽度

土石方工程造价常用数据

扫码查看本资料

$$=10×1.5×1.8=27（m^3）$$

【实例 6-4】 某管沟施工现场为坚硬岩石，管沟深 1.3m，全长 13m，计算挖管沟石方的清单工程量。

【解】 挖管沟石方的清单工程量＝管沟全长＝13（m）

三、 回填工程清单工程量计算实例

【实例 6-5】 某工程的沟槽，矩形截面，长为 50m，宽为 2m，平均深度为 3m，无检查井。槽内铺设 $\phi500$ 钢筋混凝土平口管，管壁厚 0.1m，管下混凝土基座体积为 24.25m³，基座下碎石垫层体积为 10m³，计算该沟槽回填土压实（机械回填；10t 压路机碾压，密实度为 97%）的工程量。

【解】 沟槽体积＝矩形长度×矩形宽度×平均深度

$$=50\times2\times3=300.00（m^3）$$

$\phi800$ 管子外形体积＝$\phi500$ 钢筋混凝土平口管截面面积×沟槽长度

$$=3.14\times[(0.5+0.1\times2)/2]^2\times60\approx23.08(m^3)$$

填土压实土方的工程量＝沟槽体积－$\phi500$ 管子外形体积－管下混凝土基座体积－基座下碎石垫层体积

$$=300.00-23.08-24.25-10=242.67（m^3）$$

【实例6-6】 某地基工程，已知挖土3252m^3，其中可利用1822m^3，填土3252m^3，现场挖填平衡，计算确定余土外运工程量。

【解】 余方弃置的工程量＝挖土体积－可利用土体积

$$=3252-1822=1430(m^3)（自然方）$$

第四节 地基处理与边坡支护工程工程量计算及实例

一、 地基处理工程清单工程量计算实例

地基处理与边坡支护工程造价常用数据

扫码查看本资料

【实例6-7】 某工程采用粉喷桩施工，如图6-10所示，共有20个这样的粉喷桩，计算粉喷桩的工程量。

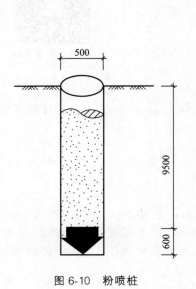

图6-10 粉喷桩

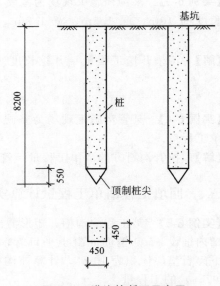

图6-11 灌注桩断面示意图

【解】 粉喷桩的工程量＝粉喷桩长度×数量

$$＝（9.5＋0.6）×20＝202.00（m）$$

【实例6-8】 某基础工程采用冲击沉管挤密灌注粉煤灰混凝土短桩处理湿陷性黄土地基，如图6-11所示，共有该短桩990根，计算灰土挤密桩的工程量。

【解】 灰土挤密桩的工程量＝灌注桩的长度×数量

$$＝8.2×990＝8118.00（m）$$

二、 基坑与边坡支护工程清单工程量计算实例

【实例6-9】 某工程地基处理采用地下连续墙形式，如图6-12所示，墙体厚300mm，埋深5.4m，土壤类别为二类土，计算该地下连续墙工程量。

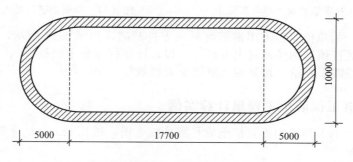

图6-12 地下连续墙平面图

【解】 地下连续墙的工程量＝（地下连续墙的直线长度×2＋半圆长度×2）×墙厚×埋深

$$＝[17.7×2＋1/2×3.14×(10-0.3)×2]×0.3×5.4$$
$$≈106.69(m^3)$$

【实例6-10】 某工程有两根圆木桩，其直径为80mm，计算圆木桩的清单工程量。

【解】 圆木桩的清单工程量＝圆木桩数量＝2（根）

第五节 桩基工程工程量计算及实例

一、 打桩工程清单工程量计算实例

【实例6-11】 某预制钢筋混凝土桩，如图6-13所示，已知共有24根，土壤类别为三类土。计算该预制钢筋混凝土打桩工程量。

【解】 预制钢筋混凝土打桩的工程量＝(桩尖长＋桩长)×数量
$$＝(0.85＋16)×24＝404.40(m)$$

桩基工程造价常用数据

扫码查看本资料

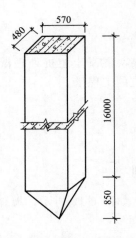

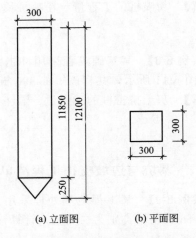

(a) 立面图   (b) 平面图

图 6-13　预制钢筋混凝土桩示意图   图 6-14　预制钢筋混凝土方桩示意图

【实例 6-12】 某单位工程采用钢筋混凝土方桩基础，如图 6-14 所示，土壤类别为三类土，用柴油打桩机打预制钢筋混凝土方桩 150 根，计算打方桩工程量。

【解】 打方桩的工程量＝预制钢筋混凝土方桩数量＝150（根）

二、 灌注桩工程清单工程量计算实例

【实例 6-13】 某工程采用泥浆护壁成孔灌注桩 8 根，桩长 12mm，计算泥浆护壁成孔灌注桩的清单工程量。

【解】 泥浆护壁成孔灌注桩的清单工程量＝灌注桩数量×桩长
$$＝8×12＝96（m）$$

【实例 6-14】 某工程采用钻孔压浆桩 18 根，其直径为 400mm，计算钻孔压浆桩的清单工程量。

【解】 钻孔压浆桩的清单工程量＝钻孔压浆桩数量＝18（根）

第六节　砌筑工程工程量计算及实例

一、 砖砌体工程清单工程量计算实例

【实例 6-15】 某工程外墙基础，如图 6-15 所示，其采用等高式砖基础，外墙中心线长

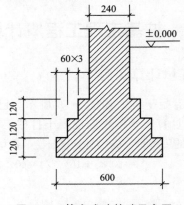

图 6-15　等高式砖基础示意图

120m，砖基础深为 1.8m，计算等高式砖基础工程量。

【解】 查折加高度和增加面积数据参见表 6-3，得折加高度为 0.656m，大放脚增加断面面积为 0.1575m²。

表 6-3 标准砖等高式砖墙基大放脚折加高度表

放脚层数	折加高度/m						增加断面面积/m²
	1/2 砖 (0.115)	1 砖 (0.24)	$1\frac{1}{2}$砖 (0.365)	2 砖 (0.49)	$2\frac{1}{2}$砖 (0.615)	3 砖 (0.74)	
一	0.137	0.066	0.043	0.032	0.026	0.021	0.01575
二	0.411	0.197	0.129	0.096	0.077	0.064	0.04725
三	0.822	0.394	0.259	0.193	0.154	0.128	0.0945
四	1.369	0.656	0.432	0.321	0.259	0.213	0.1575
五	2.054	0.984	0.647	0.482	0.384	0.319	0.2363
六	2.876	1.378	0.906	0.675	0.538	0.447	0.3308
七		1.838	1.208	0.900	0.717	0.596	0.4410
八		2.363	1.553	1.157	0.922	0.766	0.5670
九		2.953	1.942	1.447	1.153	0.958	0.7088
十		3.609	2.373	1.768	1.409	1.171	0.8663

注：1. 本表按标准砖双面放脚，每层等高 12.6cm（二皮砖，二灰缝）砌出 6.25cm 计算。

2. 本表折加墙基高度的计算，以 240mm×115mm×53mm 标准砖，1cm 灰缝及双面大放脚为准。

3. 折加高度 = $\frac{放脚断面积}{墙厚}$，其中折加高度和墙厚单位"m"，放脚断面积单位为"m²"。

4. 采用折加高度数字时，取两位小数，第三位以后四舍五入。采用增加断面数字时，取三位小数，第四位以后四舍五入。

【解】 砖基础的工程量 = 砖基础长度×（砖基础深度＋折加高度）×外墙中心线长度
　　　　　　　　　　 = 0.24×（1.8＋0.394）×120≈63.19（m³）

【实例 6-16】 某工程平面示意图如图 6-16 所示，计算实心砖墙工程量。

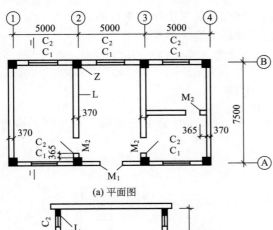

编号	尺寸
M₁	1500×2400
M₂	900×2100
C₁	1800×1500
C₂	1800×600
L	400×600
Z	400×400

(a) 平面图

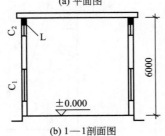

(b) 1—1 剖面图

图 6-16 某工程平面示意图

【解】 外墙的工程量＝(框架间净长×框架间净高－门高面积)×墙厚

$$= [(5m 外墙宽度-L 的宽度)\times3\times2\times(外墙高度-L 的高度)+$$
$$(外墙宽度-L 的宽度)\times2\times(外墙高度-L 的高度)-M_1 的宽$$
$$度\times M_1 的高度-C_1 的宽度\times C_1 的高度\times5-C_2 的宽度\times C_2 的$$
$$高度\times5]\times墙厚$$

$$= [(5-0.4)\times3\times2\times(6-0.6)+(7.5-0.4)\times2\times(6-0.6)-1.5\times$$
$$2.4-1.8\times1.5\times5-1.8\times0.6\times5]\times0.365$$

$$= (149.04+76.68-3.6-13.5-5.4)\times0.365$$

$$\approx 74.18 (m^3)$$

内墙的工程量＝(框架间净长×框架间净高－门高面积)×墙厚

$$= [(外墙宽度-L 的宽度)\times2\times(内墙高度-L 的高度)+(房间宽度-墙$$
$$厚)\times(内墙高度-L 的高度)-M_2 的宽度\times M_2 的高度\times3]\times墙厚$$

$$= [(7.5-0.4)\times2\times(6-0.6)+(5-0.365)\times(6-0.6)-0.9\times$$
$$2.1\times3]\times0.365\approx35.05 (m^3)$$

说明：通常所说的三七墙，真实墙厚为365mm，在求墙体工程量时，用365mm进行计算。

二、 砌块砌体工程清单工程量计算实例

【实例6-17】 某砌块墙高2m，宽5m，厚0.24m，计算砌块墙的清单工程量。

【解】 砌块墙的清单工程量＝砌块墙高×砌块墙宽×砌块墙厚

$$= 2\times5\times0.24=2.4 （m^3)$$

【实例6-18】 某工程有方形砌块柱2根，长350mm，宽250mm，高2000mm，计算此砌块柱的清单工程量。

【解】 砌块柱的清单工程量＝方形砌块柱的高度×方形砌块柱的长度×
方形砌块柱的宽度×数量

$$= 2\times0.35\times0.25\times2=0.35 （m^3)$$

三、 石砌块工程清单工程量计算实例

【实例6-19】 某基础剖面示意图如图6-17所示，计算毛石基础工程量（基础外墙中心线长度与内墙净长度之和为55m）。

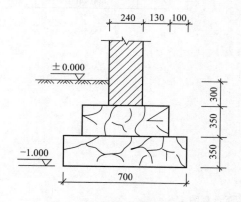

图6-17 某基础剖面示意图

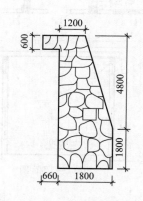

图6-18 毛石挡土墙示意图

【解】 毛石基础的工程量＝毛石基础断面面积×（外墙中心线长度＋内墙净长度）

$$=（0.7×0.35＋0.5×0.35）×55$$
$$=23.10（m^3）$$

【实例6-20】 某毛石挡土墙如图6-18所示，已知其用 M2.5 混合砂浆砌筑 220m，计算石挡土墙工程量。

【解】 先将石挡土墙看成一个矩形，宽(0.66＋1.80)m，高(1.80＋4.80)m。

石挡土墙的工程量＝矩形的面积－左下角空白面积－右上角空白面积

$$=[（0.66＋1.80）×（1.80＋4.80）－0.66×（1.80＋4.80－0.6）－$$
$$（1.80－1.20）×4.80×\frac{1}{2}]×220$$
$$=（16.24－3.96－1.44）×220$$
$$=10.84×220$$
$$=2384.80（m^3）$$

四、 垫层工程清单工程量计算实例

【实例6-21】 某地基工程采用灰土垫层，垫层厚为100mm，该地基面积为 3500m²，计算垫层的清单工程量。

【解】 垫层的清单工程量＝地基面积×垫层厚
$$=3500×0.1=350（m^3）$$

砌筑工程造价常用数据
扫码查看本资料

第七节 混凝土及钢筋混凝土工程工程量计算及实例

一、 现浇混凝土工程清单工程量计算实例

【实例6-22】 某现浇钢筋混凝土带形基础如图6-19所示。计算现浇钢筋混凝土带形基础混凝土工程量。

混凝土及钢筋混凝土工程造价常用数据
扫码查看本资料

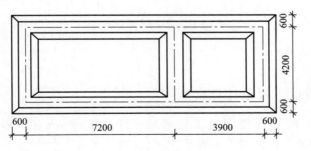
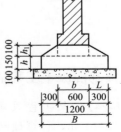

图 6-19 现浇钢筋混凝土工程基础

【解】 $V_外＝L_中×$截面面积

$$=(7.2＋3.9＋4.2)×2×(1.2×0.15+\frac{0.6+1.2}{2}×0.1)$$

$$=30.6×0.27$$

$$=8.26(\text{m}^3)$$

已知：$L=0.3\text{m}$，$B=1.2\text{m}$，$h_1=0.1\text{m}$，$b=0.6\text{m}$

$$V_{内接}=L×h_1×\frac{2b+B}{6}=0.3×0.1×\frac{2×0.6+1.2}{6}=0.012(\text{m}^3)$$

$$V_内=(4.2-1.2)×(1.2×0.15+\frac{0.6+1.2}{2}×0.1)+2V_{内接}$$

$$=3×0.27+2×0.012$$

$$=0.81+0.024$$

$$=0.83(\text{m}^3)$$

现浇钢筋混凝土带形基础的工程量 $＝V_外＋V_内=8.26＋0.83=9.09$（m³）

【实例 6-23】 某异形构造柱如图 6-20 所示，总高为 22m，共有 18 根，混凝土为 C25，计算该异形柱现浇混凝土工程量。

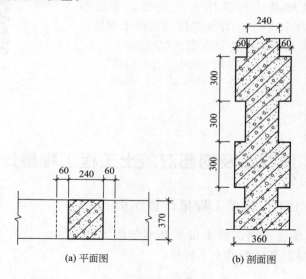

(a) 平面图　　　(b) 剖面图

图 6-20　异形构造柱

【解】 异形柱的工程量 ＝（图示柱宽度＋咬口宽度）×厚度×图示高度

$$=(0.24+\frac{0.06}{2}×2)×0.37×22×18$$

$$=43.96(\text{m}^3)$$

二、预制混凝土工程清单工程量计算实例

【实例 6-24】 某工程采用 10 根预制混凝土矩形柱，柱高 3000mm，矩形柱截面宽 300mm，长 500mm，计算预制矩形柱的清单工程量。

【解】 预制矩形柱的清单工程量＝柱高×矩形柱截面宽×矩形柱截面长×数量

$$=3×0.3×0.5×10=4.5（\text{m}^3）$$

【实例 6-25】 某预制混凝土 T 形吊车梁，如图 6-21 所示，计算该 T 形梁的工程量。

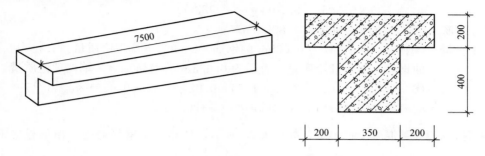

图 6-21 预制混凝土 T 形吊车梁示意图

【解】 T 形梁的工程量＝（上方矩形面积＋下方矩形面积）×T 形吊车梁的长度
$$=[0.2\times(0.2+0.35+0.2)+0.35\times0.4]\times7.5$$
$$=(0.15+0.14)\times7.5=2.18(\text{m}^3)$$

三、 钢筋工程清单工程量计算实例

【实例 6-26】 某矩形梁如图 6-22 所示，计算现浇构件钢筋的工程量（梁截面尺寸为 240mm×500mm）。

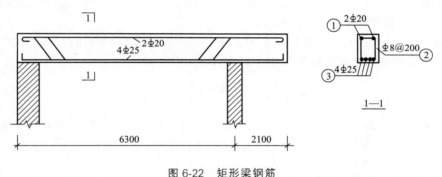

图 6-22 矩形梁钢筋

【解】 ①号钢筋 2ϕ20（单位理论质量为 2.47 kg/m）

工程量＝（钢筋总长－直径为 0.025m 钢筋×2＋6.25×直径为 0.02mm 钢筋×2）×2×
单位理论质量
$$=(6.3+2.1-0.025\times2+6.25\times0.02\times2)\times2\times2.47$$
$$=8.6\times2\times2.47=42.484(\text{kg})\approx0.042(\text{t})$$

②号钢筋ϕ8@200（单位理论质量为 0.395kg/m）

$$根数=\frac{6.3+2.1-0.025\times2}{0.2}+1=43(根)$$

单根长度＝（梁截面宽度＋梁截面高度）×2－直径为 0.025m 的钢筋×8－8×直径为
0.008m 的钢筋－3×单位理论质量×直径为 0.008m 的钢筋＋2×单位理论
质量×直径为 0.008m 的钢筋＋2×单位理论质量×直径为 0.008m 的钢筋
$$=(0.24+0.5)\times2-0.025\times8-8\times0.008-3\times1.75\times0.008+$$
$$2\times1.9\times0.008+2\times10\times0.008$$
$$=1.48-0.2-0.064-0.042+0.0304+0.16=1.36(\text{m})$$

工程量＝根数×单根长度×单位理论质量

＝43×1.36×0.395＝23.10(kg)≈0.023(t)

③号钢筋 4φ25(单位理论质量为 3.85kg/m)

工程量＝(钢筋总长－直径为 0.025m 的钢筋×2－2×单位理论质量×直径为 0.025m

的钢筋＋单位理论质量×直径为 0.025m 的钢筋)×4×单位理论质量

＝(6.3＋2.1－0.025×2－2×1.75×0.025 ＋ 10×0.025)×4×3.85

＝8.51×4×3.85＝131.054(kg)≈0.131(t)

【实例 6-27】 某混凝土槽形板，如图 6-23 所示，计算预制钢筋混凝土槽形板的钢筋工程量。

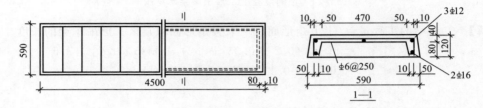

图 6-23 混凝土槽形板的钢筋

【解】 (1)2φ16(单位理论质量为 1.58kg/m)

工程量＝(4.5－0.01×2＋6.25×0.016×2)×2×1.58＝14.79(kg)≈0.015(t)

(2)3φ12(单位理论质量为 0.888 kg)

工程量＝(4.5－0.01×2＋6.25×0.012×2)×3×0.888＝12.33(kg)≈0.012(t)

(3)φ6@200(单位理论质量为 0.222 kg/m)

$$根数＝\frac{4.5－0.01×2}{0.25}＋1＝19(根)$$

单根长度＝(0.12－0.01×2)＋(0.59－0.01×2)＋6.25×0.006×2＝0.745(m)

工程量＝0.745×19×0.222＝3.14(kg)≈0.003(t)

四、螺栓、铁件工程清单工程量计算实例

【实例 6-28】 某螺栓示意图如图 6-24 所示，计算 80 个螺栓的工程量。

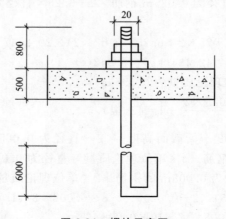

图 6-24 螺栓示意图

【解】 螺栓的工程量＝1个螺栓的质量×数量
$$=20\times20\times0.00617\times0.8\times80=157.952(kg)\approx0.158(t)$$

【实例 6-29】 某预制柱的预埋铁件,如图 6-25 所示,共 7 根,计算该预埋铁件工程量(钢板 $\rho=78.5kg/m^2$,$\phi12$ 钢筋 $\rho=0.888kg/m$,$\phi18$ 钢筋 $\rho=2.000kg/m$)。

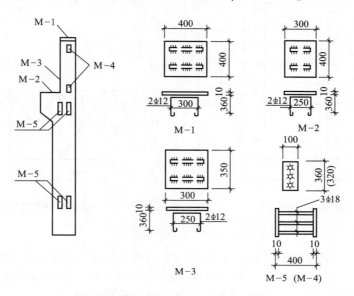

图 6-25 钢筋混凝土预制柱预埋铁件

【解】 钢板($\rho=78.5 kg/m^2$)
M—1:$0.4\times0.4\times78.5=12.65(kg)$
M—2:$0.3\times0.4\times78.5=9.42(kg)$
M—3:$0.3\times0.35\times78.5=8.24(kg)$
M—4:$2\times0.1\times0.32\times2\times78.5=10.05(kg)$
M—5:$4\times0.1\times0.36\times2\times78.5=22.61(kg)$
预埋铁件的工程量＝$(12.65+9.42+8.24+10.05+22.61)\times7=440.79(kg)\approx0.441(t)$
$\phi12$ 钢筋($\rho=0.888 kg/m$)
M—1:$2\times(0.3+0.36\times2+0.012\times6.25\times2)\times0.888=2.08(kg)$
M—2:$2\times(0.25+0.36\times2+0.012\times6.25\times2)\times0.888=1.99(kg)$
M—3:$2\times(0.25+0.36\times2+0.012\times6.25\times2)\times0.888=1.99(kg)$
预埋铁件的工程量＝$(2.08+1.99+1.99)\times7=42.42(kg)\approx0.042(t)$
$\phi18$ 钢筋($\rho=2.000 kg/m$)
M—4:$2\times3\times(0.4-0.01\times2)\times2.000=4.56(kg)$
M—5:$4\times3\times(0.4-0.01\times2)\times2.000=9.12(kg)$
预埋铁件的工程量＝$(4.56+9.12)\times7=95.76(kg)\approx0.096(t)$

第八节 金属工程工程量计算及实例

一、钢网架工程清单工程量计算实例

【实例 6-30】 如图 6-26 所示的钢网架结构,计算钢网架的工程量(8mm 厚钢板的理论质量为 62.8kg/m²，6mm 厚钢板的理论质量为 47.1kg/m²）。

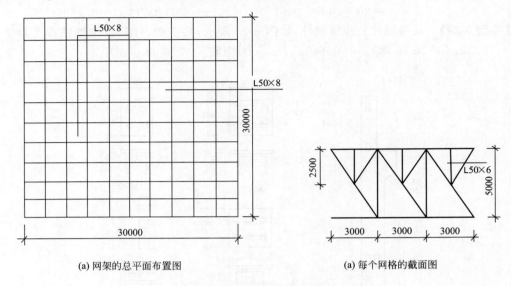

(a) 网架的总平面布置图　　　　　(a) 每个网格的截面图

图 6-26　钢网架示意图

【解】　横向上下弦杆件工程量＝8mm 厚钢板的理论质量×横向上下弦杆件面积

$$＝62.8×0.05×30×2×11＝2072.4(kg)≈2.072(t)$$

横向腹杆工程量＝6mm 厚钢板的理论质量×横向腹杆面积

$$＝47.1×0.05×[(\sqrt{5^2+3^2}+2.5+\sqrt{2.5^2+1.5^2})×10+5×11]×10$$
$$＝3944.63(kg)≈3.945(t)$$

纵向上下弦杆件工程量＝8mm 厚钢板的理论质量×纵向上下弦杆件面积

$$＝62.8×0.05×30×2×11＝2072.4(kg)≈2.072(t)$$

纵向腹杆工程量＝6mm 厚钢板的理论质量×纵向腹杆面积

$$＝47.1×0.05×[(\sqrt{5^2+3^2}+2.5+\sqrt{2.5^2+1.5^2})×10+5×11]×10$$
$$＝3944.63(kg)≈3.945(t)$$

钢网架的工程量＝横向上下弦杆件工程量＋横向腹杆工程量＋纵向上下弦杆件工程量＋纵向腹杆工程量

$$＝2.072＋3.945＋2.072＋3.945＝12.034(t)$$

二、 钢屋架、 钢托架、 钢桁架、 钢架桥工程清单工程量计算实例

【实例 6-31】　某工程钢屋架如图 6-27 所示（上弦钢材单位理论质量为 7.398kg/m，下弦钢材单位理论质量为 1.58kg/m，立杆钢材、斜撑钢材和檩托钢材单位理论为 3.77 kg/m，连接板单位理论质量为 62.8kg/m），计算钢屋架工程量。

【解】　杆件质量＝杆件设计图示长度×单位理论质量

上弦质量＝3.60×2×2×7.398＝106.53(kg)

下弦质量＝6.4×2×1.58＝20.22(kg)

立杆质量＝1.70×3.77＝6.41(kg)

斜撑质量＝1.50×2×2×3.77＝22.62(kg)

檩托质量＝0.14×12×3.77＝6.33(kg)

多边形钢板质量＝最大对角线长度×最大宽度×面密度

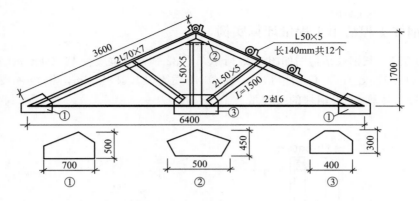

图 6-27　钢屋架

①号连接板质量＝0.7×0.5×2×62.80＝43.96（kg）

②号连接板质量＝0.5×0.45×62.80＝14.13（kg）

③号连接板质量＝0.4×0.3×62.80＝7.54（kg）

钢屋架的工程量＝106.53＋20.22＋6.41＋22.62＋6.33＋43.96＋14.13＋7.54

　　　　　　　＝227.74（kg）≈0.228（t）

【实例 6-32】　某工程采用的钢托架示意图如图 6-28 所示，求该钢托架的清单工程量（∟125×12 的单位理论质量为 22.696 kg/m；∟110×14 的单位理论质量为 22./809 kg/m；∟110×8 的单位理论质量为 13.532 kg/m；6mm 厚钢板的理论质量为 47.1 kg/m²；4mm 厚钢板的理论质量为 31.4kg/m²）。

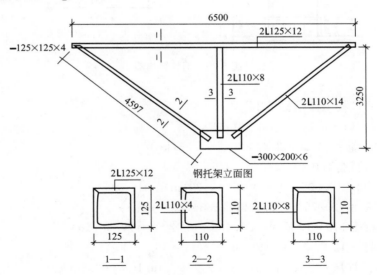

图 6-28　钢托架示意图

【解】　上弦杆的工程量＝22.696×6.5×2＝295.05（kg）≈0.295（t）

斜向支撑杆的工程量＝22.809×4.597×4＝419.41（kg）≈0.419（t）

竖向支撑杆的工程量＝13.532×3.25×2＝87.96（kg）≈0.088（t）

连接板的工程量＝47.1×0.2×0.3＝2.826（kg）≈0.003（t）

塞板的工程量＝31.4×0.125×0.125×2＝0.98（kg）≈0.001（t）

钢托架的清单工程量＝0.295＋0.419＋0.088＋0.003＋0.001＝0.806（t）

三、 钢柱工程清单工程量计算实例

【实例6-33】 某钢柱结构图如图6-29所示，(匚32钢材单位质量43.25kg/m，角钢L100×8单位质量12.276kg/m，角钢L140×10单位质量21.488kg/m，钢板–12单位质量94.20kg/m²)，计算25根钢柱的工程量。

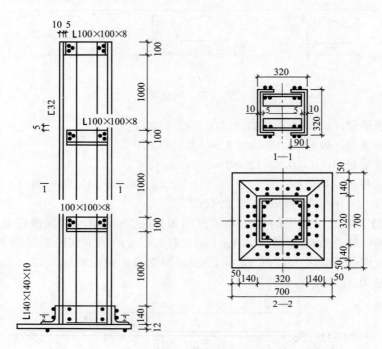

图 6-29 钢柱结构图

【解】 （1）该柱主体钢材采用匚32。

柱高＝0.14＋(1＋0.1)×3＝3.44(m)

2根柱槽钢质量＝43.25×3.44×2＝297.56(kg)

（2）水平杆角钢L100×8。

角钢长＝0.32－(0.005＋0.01)×2＝0.29(m)

6块角钢质量＝12.276×0.29×6＝21.36(kg)

（3）底座角钢L140×10质量＝21.488×0.32×4＝27.50(kg)

（4）底座钢板–12质量＝94.20×0.7×0.7＝46.16(kg)

1根钢柱的工程量＝297.56＋21.36＋27.50＋46.16＝392.58(kg)

25根钢柱的总工程量＝392.58×25＝9814.50（kg）≈9.815（t）

四、 钢梁工程清单工程量计算实例

【实例6-34】 某工程采用的钢吊车梁示意图如图6-30所示，计算其清单工程量（L110×10的单位理论质量为16.69kg/m；5mm厚钢板的理论质量为39.2kg/m²)。

【解】 轨道的工程量＝L110×10的单位理论质量×长度×数量

＝16.69×10×2＝333.8(kg)≈0.334(t)

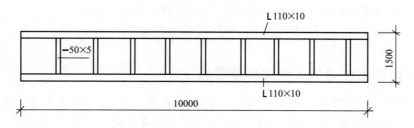

图 6-30 钢吊车梁示意图

加强板的工程量＝5mm 厚钢板的理论质量×钢吊车梁的长度×数量
$$=39.2×0.05×1.5×9=26.46(kg)≈0.026(t)$$
钢吊车梁的清单工程量＝轨道的工程量＋加强板的工程量
$$=0.334+0.026=0.360(t)$$

五、 钢板楼板、 墙板工程清单工程量计算实例

【实例 6-35】 某压型钢板楼板如图 6-31 所示，计算钢板楼板的工程量。

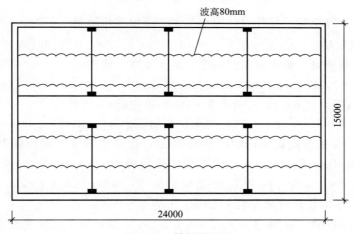

图 6-31 楼板平面图

【解】 钢板楼板的工程量＝钢板楼板的长度×钢板楼板的宽度
$$=24×15=360.00 （m^2）$$

【实例 6-36】 某压型钢板墙板如图 6-32 所示，计算钢板墙板的工程量。

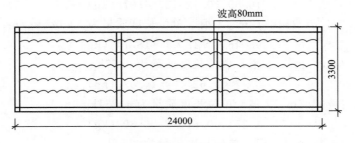

图 6-32 墙板布置图

【解】 钢板墙板的工程量＝钢板墙板的长度×钢板墙板的宽度

$$=24×3.3=79.20（m^2）$$

六、 钢构件工程清单工程量计算实例

【实例 6-37】 某厂房上柱间支撑如图 6-33 所示，共 6 组，L63×6 单位长度理论质量为 5.72kg/m，−8 钢板的单位面积质量为 62.8kg/m²。计算柱间钢支撑的工程量。

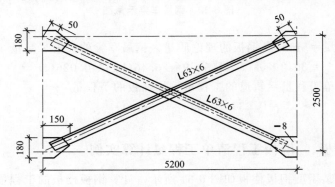

图 6-33 上柱间支撑

【解】 （1）杆件质量＝杆件设计图示长度×单位理论质量

L63×6 角钢质量＝$(\sqrt{5.2^2+2.5^2}-0.05×2)×5.72×2=64.86(kg)$

（2）多边形钢板质量＝最大对角线长度×最大宽度×面密度

−8 钢板质量＝$0.18×0.15×62.8×4=6.78(kg)$

钢支撑的工程量＝（L63×6 角钢质量＋−8 钢板质量）×组数

$$=(64.86+6.78)×6=429.84(kg)≈0.430(t)$$

【实例 6-38】 某踏步式钢梯，如图 6-34 所示，计算该钢梯工程量（钢材−180×6 单位长度质量为 8.48kg/m，钢材−200×5 单位长度质量为 7.85kg/m，L110×10 单位长度质量为 16.69kg/m，L200×125×16 单位长度质量为 39.045kg/m，L50×5 单位长度质量为 3.77kg/m，L56×5 单位长度质量为 4.251kg/m）。

【解】 ① 钢梯边梁，扁钢−180×6，$l=4.16m$，2 块；单位长度质量为 8.48kg/m。

$$8.48×4.16×2=70.55 （kg）$$

② 钢踏步，−200×5，$l=0.7m$，9 块，单位长度质量为 7.85kg/m。

$$7.85×0.7×9=49.46 （kg）$$

③ L110×10，$l=0.12m$，2 根，单位长度质量为 16.69kg/m。

$$16.69×0.12×2=4.01 （kg）$$

④ L200×125×16，$l=0.12m$，4 根，单位长度质量为 39.045kg/m。

$$39.045×0.12×4=18.74 （kg）$$

⑤ L50×5，$l=0.62m$，6 根，单位长度质量为 3.77kg/m。

$$3.77×0.62×6=14.02 （kg）$$

⑥ L56×5，$l=0.81m$，2 根，单位长度质量为 4.251kg/m。

$$4.251×0.81×2=6.89 （kg）$$

⑦ L50×5，$l=4.0m$，2 根，单位长度质量为 3.77kg/m。

$$3.77×4×2=30.16 （kg）$$

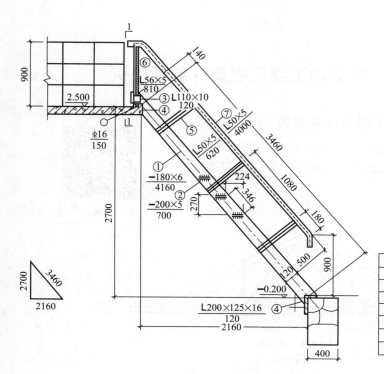

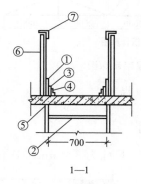

1—1

图 6-34 踏步式钢梯

钢材的工程量＝70.55＋49.46＋4.01＋18.74＋14.02＋6.89＋30.16

＝193.83（kg）≈0.194（t）

七、 金属制品工程清单工程量计算实例

【实例 6-39】 某工程采用塑料成品雨篷，雨篷长 8m，两边各有 0.1m 不与墙面接触，计算此雨篷的清单工程量。

【解】 成品雨篷的清单工程量＝雨篷长－两边各有 0.1m 不与墙面接触

＝8－0.1×2＝7.8 （m）

金属工程造价常用数据

扫码查看本资料

第九节 木结构工程工程量计算及实例

一、 木屋架工程清单工程量计算实例

木结构工程造价常用数据

扫码查看本资料

【实例6-40】 某杉方木屋架如图6-35所示，跨度12m，共12榀，木屋架刷底油一遍、调合漆两遍，计算木屋架工程量。

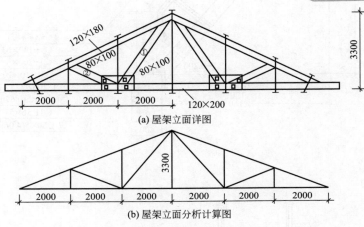

(a) 屋架立面详图

(b) 屋架立面分析计算图

图6-35 某屋架示意图

【解】 木屋架的工程量＝木屋架榀数＝12（榀）

二、 木构件工程清单工程量计算实例

【实例6-41】 某工程方木柱如图6-36所示，尺寸为300mm×350mm，高4.5m，计

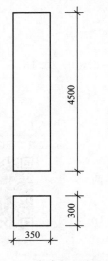

图6-36 方木柱示意图

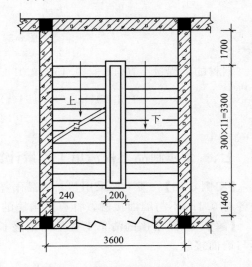

图6-37 某住宅楼木楼梯示意图

算该方木柱工程量。

【解】 方木柱的工程量＝方木柱的截面面积×高度
$$=0.3×0.35×4.5≈0.47（m^3）$$

【实例6-42】 某住宅楼木楼梯如图6-37所示（标准层），踏步宽300mm，踏步高150mm，计算木楼梯工程量。

【解】 木楼梯的工程量＝（木楼梯的宽度-墙厚）×（楼梯的长度＋平台的宽度）
$$=（3.6-0.24）×（3.3+1.7）=16.80（m^2）$$

第十节 屋面及防水工程工程量计算及实例

一、瓦、型材及其他屋面工程清单工程量计算实例

【实例6-43】 某金属压型板单坡屋面如图6-38所示，檩距为7m，计算该型材屋面的工程量。

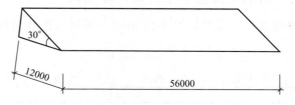

图6-38 金属压型板单坡屋面示意图

【解】 金属压型板屋面的工程量＝金属压型板屋面的长度×金属压型板屋面的宽度×屋面的斜坡角

$$=56×12×\frac{2\sqrt{3}}{3}=775.96（m^2）$$

二、屋面防水及其他工程清单工程量计算实例

【实例6-44】 某屋面卷材防水工程如图6-39所示，计算不保温二毡三油一砂屋面卷材防水的工程量。

【解】 屋面卷材防水的工程量＝卷材防水的宽度×卷材防水的长度

$$=4.0×45.4=181.60（m^2）$$

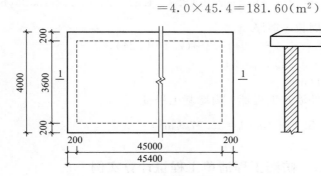
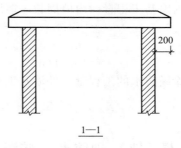

图6-39 某屋面卷材防水工程

【实例6-45】 某仓库屋面为铁皮排水天沟,如图6-40所示,长15m,计算屋面天沟工程量。

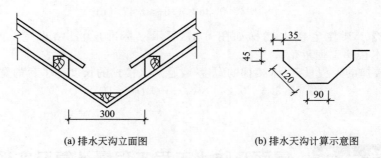

(a) 排水天沟立面图　　　　　　(b) 排水天沟计算示意图

图 6-40　铁皮排水天沟示意图

【解】　屋面天沟的工程量=铁皮排水天沟的长度×铁皮排水天沟的宽度

$$=15×(0.035×2+0.045×2+0.12×2+0.09)=7.35(m^2)$$

三、 墙面防水、 防潮工程清单工程量计算实例

【实例6-46】 某墙基防水示意图如图6-41所示,采用苯乙烯涂料,计算该墙面涂膜防水的工程量。

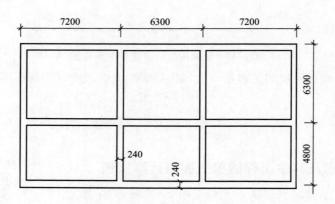

图 6-41　墙基防水示意图

【解】　(1) 外墙基工程量=外墙周长×墙厚

$$=(7.2+6.3+7.2+6.3+4.8)×2×0.24=15.26(m^2)$$

(2) 内墙基工程量=内墙周长×墙厚

$$=[(4.8+6.3-0.24)×2+(7.2-0.24)×2+$$
$$(6.3-0.24)]×0.24$$
$$=10.01(m^2)$$

(3) 涂膜防水的工程量=外墙基工程量+内墙基工程量

$$=15.26+10.01=25.27 (m^2)$$

四、 楼(地) 面防水、 防潮工程清单工程量计算实例

【实例6-47】 某工程室内平面如图6-42所示,计算三毡四油地面卷材防水层的工程量。

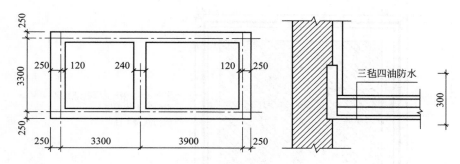

图 6-42　某工程室内平面图

【解】　地面卷材防水的工程量＝地面卷材防水的宽度×地面卷材防水的长度

$$＝(3.3-0.12×2)×(3.3-0.12×2)+(3.9-0.12×2)×$$
$$(3.3-0.12×2)$$
$$＝20.56(m^2)$$

第十一节　保温、隔热、防腐工程工程量计算及实例

一、保温、隔热工程清单工程量计算实例

【实例 6-48】　某房屋保温层如图 6-43 所示，已知保温层最薄处为 60mm，坡度为 5%。计算保温隔热屋面的工程量。

保温、隔热、防腐工程造价常用数据

扫码查看本资料

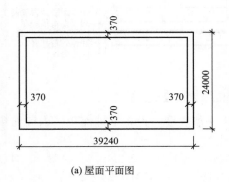

(a) 屋面平面图

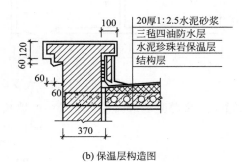

(b) 保温层构造图

图 6-43　屋面保温层构造

【解】　屋面保温层的工程量＝(屋面长度-墙厚)×(屋面宽度-墙厚)
$$＝(39.24-0.37×2)×(24-0.37×2)=895.51(m^2)$$

【实例 6-49】　某保温方柱如图 6-44 所示，柱高 3.9m，计算聚苯乙烯泡沫塑料板保温方柱的工程量。

【解】　保温方柱中心线展开长度＝(钢筋混凝土柱长度+两边素混凝土找平层宽度+聚苯乙烯泡沫塑料板保温层的中心线×2)×4 边

$$L=(0.45+0.025×2+0.025×\frac{1}{2}×2)×4=2.10(m)$$

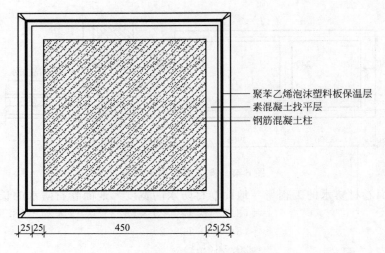

图 6-44　保温方柱示意图

保温方柱的工程量＝保温方柱中心线展开长度×柱高
$$=2.1\times3.9=8.19(m^2)$$

二、 防腐面层工程清单工程量计算实例

【实例 6-50】　某房屋耐酸沥青混凝土地面及踢脚板示意图如图 6-45 所示，计算防腐混凝土面层的工程量（踢脚板高度为 120mm）。

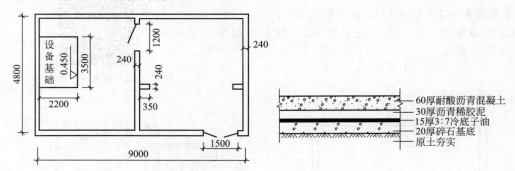

图 6-45　耐酸沥青混凝土地面及踢脚板示意图

【解】　防腐混凝土地面的工程量＝外墙长度×外墙宽度－设备基础面积－内墙面积＋门
的占地面积
$$=(9-0.24)\times(4.8-0.24)-2.2\times3.5-(4.8-0.24)\times$$
$$0.24+1.2\times0.24-0.35\times0.24\times2$$
$$=39.95-7.7-1.09+0.29-0.17=31.28(m^2)$$

防腐混凝土踢脚板长度＝内墙周长－1.5m 门宽－1.2m 门宽＋设备基础宽度＋内墙长
度＋内墙墙厚
$$=(9-0.24+4.8-0.24)\times2-1.5-0.12\times2+2.2\times2+(4.8-$$
$$0.24-1.2)\times2+0.35\times4+0.24\times4$$
$$=26.64-1.5-0.24+4.4+6.72+1.4+0.96=38.38(m)$$

防腐混凝土踢脚板的工程量＝防腐混凝土踢脚板长度×踢脚板高度
$$=38.38\times0.12=4.61(m^2)$$

【实例 6-51】　某仓库防腐地面、踢脚线抹铁屑砂浆如图 6-46 所示，其厚度 20mm，计

算地面、踢脚线防腐砂浆面层的工程量。

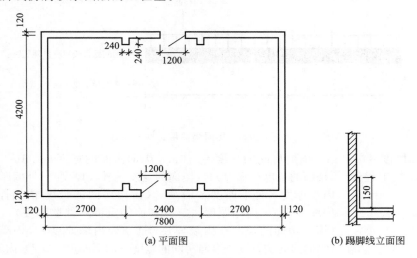

图 6-46 仓库防腐地面、踢脚线尺寸

【解】 （1）防腐地面的工程量＝设计图示净长×净宽－应扣面积、耐酸防腐

$$=(7.8-0.24)\times(4.2-0.24)=29.94(m^2)$$

（2）防腐踢脚线的工程量＝（踢脚线净长＋门、垛侧面宽度－门宽）×净高

$$=[(4.2-0.24+7.8-0.24-1.2)\times2+0.24\times8+0.12\times4]\times0.15$$

$$=(20.64+1.92+0.48)\times0.15=3.46(m^2)$$

说明：0.24×8 为 4 个墙垛的侧面长度和，0.12×4 为两扇门的侧面一半长度和。

三、 其他防腐工程清单工程量计算实例

【实例 6-52】 某住宅楼面如图 6-47 所示，地面与踢脚板均为耐酸沥青胶泥卷材隔离层如图 6-48 所示，计算隔离层的工程量（踢脚板高 120mm）。

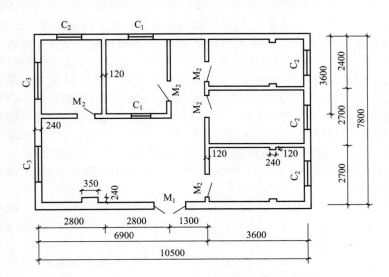

门窗符号	尺寸规格
M_1	1500×2400
M_2	1000×1800
C_1	900×1200
C_2	1200×1800
C_3	1500×1800

图 6-47 某楼面示意图

【解】 （1）楼面的长度＝10.5m，楼面的宽度＝7.8m，外墙厚度＝0.24m，柱宽＝

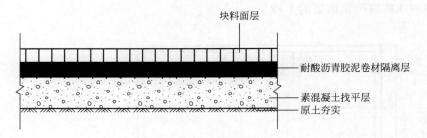

图 6-48　楼面隔离层详图

0.35m，内墙厚度＝0.12m，横向房间的长度＝3.6m，纵向房间的宽度＝2.8m。

地面隔离层工程量＝（楼面的长度－墙厚）×（楼面的宽度－外墙厚度）－外墙厚度×柱宽－内墙厚度×外墙厚度×墙高－（横向房间的长度-内墙厚度－1/2×内墙厚度）×内墙厚度×2－（楼面的宽度－外墙厚度）×内墙厚度－（横向房间的长度－内墙厚度－1/2×内墙厚度）×内墙厚度×2－（纵向房间的宽度＋纵向房间的宽度－内墙厚度－1/2×内墙厚度）×内墙厚度＋5×内墙厚度×1

＝（10.5－0.24）×（7.8－0.24）－0.24×0.35－0.12×0.24×4－（3.6－0.12－0.06）×0.12×2－（7.8－0.24）×0.12－（3.6－0.12－0.06）×0.12×2－（2.8＋2.8－0.12－0.06）×0.12＋5×0.12×1

＝77.5656－0.084－0.1152－0.8208－0.9072－0.8208－0.6504＋0.6

≈74.77（m²）

（2）横向房间的长度＝3.6m，内墙厚度＝0.12m，横向第一、二个房间的宽度＝2.7m，横向第三个房间的宽度＝2.4m，纵向房间的宽度＝2.8m，客厅的长度＝6.9m，楼面的宽度＝7.8m，M_1 的宽度＝1.5m，外墙厚度＝0.24m。

踢脚板隔离层长度＝[（横向房间的长度-内墙厚度-1/2×内墙厚度）＋（横向第一、二个房间的宽度－内墙厚度－1/2×内墙厚度）]×2＋[（横向房间的长度－内墙厚度－1/2×内墙厚度）＋（楼面的宽度－1/2×内墙厚度－1/2×内墙厚度）]×2＋[（横向房间的长度－内墙厚度－1/2×内墙厚度）＋（横向第三个房间的宽度－内墙厚度－1/2×内墙厚度）]×2＋[（纵向房间的宽度－内墙厚度－1/2×内墙厚度）＋（横向房间的长度－内墙厚度－1/2×内墙厚度）]×2＋[（纵向房间的宽度－1/2×内墙厚度－1/2×内墙厚度）＋（横向房间的长度－内墙厚度－1/2×内墙厚度）]×2＋[（客厅的长度-内墙厚度－1/2×内墙厚度）＋（楼面的宽度－横向房间的长度－内墙厚度－1/2×内墙厚度）]×2＋（横向房间的长度－1/2×内墙厚度）×2－M_1 的宽度－5×1×2＋内墙厚度×5×2＋外墙厚度×2＋1/2×内墙厚度×8＋内墙厚度×2

＝[（3.6－0.12－0.06）＋（2.7－0.12－0.06）]×2＋[（3.6－0.12－0.06）＋（2.7－0.06－0.06）]×2＋[（3.6－0.12－0.06）＋（2.4－0.12－0.06）]×2＋[（2.8－0.12－0.06）＋（3.6－0.12－0.06）]×2＋[（2.8－0.06－0.06）＋（3.6－0.12－0.06）]×2＋[（6.9－0.12－0.06）＋（7.8－3.6－0.12－0.06）]×2＋（3.6－0.06）×2－1.5－5×1×2＋0.12×5×2＋0.24×2＋0.12×8＋0.12×2

＝11.88＋12＋11.28＋12.08＋12.2＋21.48＋7.08－1.5－10＋1.2＋

$$0.48+0.96+0.24 \approx 79.38(\text{m})$$

踢脚板隔离层的工程量＝踢脚板隔离层长度×踢脚板高

$$=79.38 \times 0.12 \approx 9.53(\text{m}^2)$$

【实例6-53】 某房屋平面图如图6-49所示，内墙面用过氯乙烯漆耐酸防腐涂料抹灰25mm厚，其中底漆一遍，计算防腐涂料的工程量。

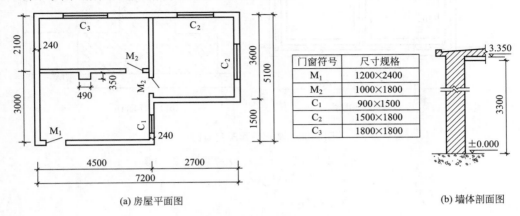

门窗符号	尺寸规格
M_1	1200×2400
M_2	1000×1800
C_1	900×1500
C_2	1500×1800
C_3	1800×1800

(a) 房屋平面图 (b) 墙体剖面图

图6-49 某墙面示意图

【解】 墙面面积＝内墙周长×墙高

$$=[(2.1-0.24) \times 2+(3-0.24) \times 2+(4.5-0.24) \times 4+(3.6-0.24) \times$$

$$2+(2.7-0.24) \times 2] \times 3.3$$

$$=(3.72+5.52+17.04+6.72+4.92) \times 3.3=37.92 \times 3.3=125.14(\text{m}^2)$$

门窗洞口面积＝M_1面积＋M_2面积×2＋C_1面积＋C_2面积×2＋C_3面积

$$=1.2 \times 2.4+1 \times 1.8 \times 2+0.9 \times 1.5+1.5 \times 1.8 \times 2+1.8 \times 1.8$$

$$=2.88+3.6+1.35+5.4+3.24=16.47(\text{m}^2)$$

砖垛展开面积＝砖垛宽度×墙高

$$=0.35 \times 2 \times 3.3=2.31(\text{m}^2)$$

防腐涂料的工程量＝墙面面积－门窗洞口面积＋砖垛展开面积

$$=125.14-16.47+2.31=110.98(\text{m}^2)$$

第十二节 措施项目工程量计算及实例

【实例6-54】 某基础平面及剖面图如图6-50所示，计算其基础模板的工程量。

【解】 外墙基础下阶模板工程量＝外墙长度×外墙宽度×外墙高度＋内墙长度×内墙宽度×内墙高度

$$=[(4.2 \times 2+0.4 \times 2) \times 2 \times 0.3+(5.4+0.4 \times 2) \times 2 \times 0.3+$$

$$(4.2-0.4 \times 2) \times 4 \times 0.3+(5.4-0.4 \times 2) \times 2 \times 0.3]$$

$$=16.08(\text{m}^2)$$

外墙基础上阶模板工程量＝外墙长度×外墙宽度×外墙高度＋内墙长度×内墙宽度×内墙高度

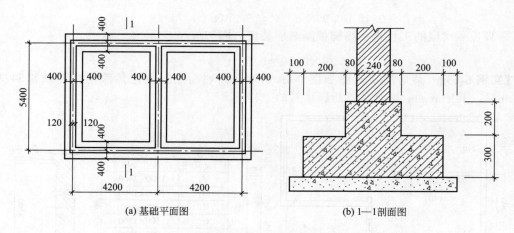

(a) 基础平面图　　　　　　　　(b) 1—1剖面图

图 6-50　基础平面及剖面图

$$=[(4.2 \times 2 + 0.2 \times 2) \times 2 \times 0.2 + (5.4 + 0.2 \times 2) \times 2 \times 0.2 +$$
$$(4.2 - 0.2 \times 2) \times 4 \times 0.2 + (5.4 - 0.2 \times 2) \times 2 \times 0.2]$$
$$=10.88(\text{m}^2)$$

内墙基础下阶模板工程量＝内墙长度×内墙高度

$$=(5.4 - 0.4 \times 2) \times 2 \times 0.3 = 2.76(\text{m}^2)$$

内墙基础上阶模板工程量＝内墙长度×内墙高度

$$=(5.4 - 0.2 \times 2) \times 2 \times 0.2 = 2.0(\text{m}^2)$$

基础模板工程量＝外墙基础下阶模板工程量＋外墙基础上阶模板工程量＋内墙基础下阶
模板工程量＋内墙基础上阶模板工程量

$$=16.08 + 10.88 + 2.76 + 2 = 31.72(\text{m}^2)$$

第七章

装饰装修工程工程量的计算

第一节 楼地面装饰工程工程量计算及实例

一、楼地面工程清单工程量计算实例

【实例 7-1】 某房屋平面如图 7-1 所示。已知内、外墙墙厚均为 240mm，水泥砂浆踢脚线高 150mm，门均为 900m 宽。要求计算：（1）100mm C15 混凝土地面垫层工程量。（2）20mm 厚水泥砂浆面层工程量。

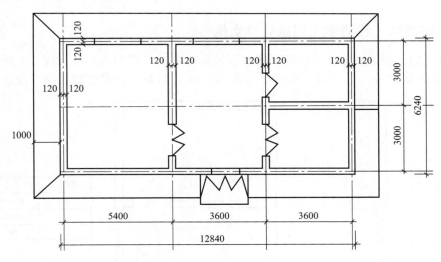

图 7-1 某房屋平面图

【解】 （1）100mmC15 混凝土地面垫层
地面垫层工程量＝主墙间净空面积×垫层厚度

$$=[(12.84-0.24\times3)\times(6.0-0.24)-(3.6-0.24)\times0.24]\times0.1$$

$$=6.90(m^3)$$

（2）20mm 厚水泥砂浆面层
地面面层工程量＝主墙间净空面积

$$=(12.84-0.24\times3)\times(6.0-0.24)-(3.6-0.24)\times0.24$$

$$=69(m^2)$$

【实例 7-2】 某楼梯平面图及剖面图如图 7-2 所示，设计为花岗石面层，建筑物 5 层，梯井宽度 300mm，计算楼梯面层工程量。

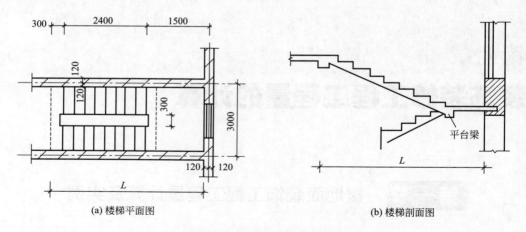

(a) 楼梯平面图　　　　　　　　(b) 楼梯剖面图

图 7-2　楼梯平面图及剖面图

【解】　一层楼梯面层工程量＝楼梯面层宽度×楼梯面层长度

$$S_1=(3.0-2.4)\times(0.3+2.4+1.5-0.12)=11.26(\text{m}^2)$$

$$S_总=11.26\times(5-1)=45.04(\text{m}^2)$$

二、 踢脚线工程清单工程量计算实例

【实例 7-3】　某住宅楼二层选用大理石石材做踢脚线，其构造尺寸如图 7-3 所示，住宅楼二层墙厚均为 240mm，非成品踢脚线高为 120mm，计算大理石踢脚线的工程量。

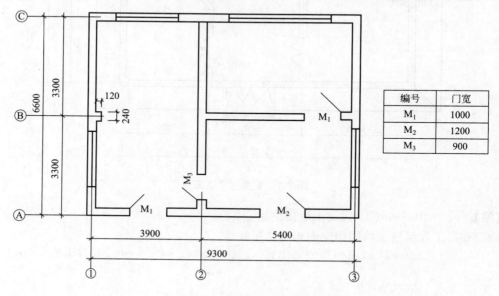

编号	门宽
M_1	1000
M_2	1200
M_3	900

图 7-3　某石材踢脚线建筑平面图

【解】　大理石踢脚线的工程量＝（内墙踢脚线长度－M_1－M_2－M_3＋墙垛）×0.12

　　　　　　　　＝[(3.9-0.24+6.6-0.24)×2+(5.4-0.24+3.3-

　　　　　　　　0.24)×2×2]×0.12-(1×2+1.2+0.9)×0.12+

　　　　　　　　0.12×2×0.12

$$=(20.04+32.88)\times0.12-0.492+0.0288$$
$$=5.89(m^2)$$

【实例 7-4】 某房屋采用成品木质踢脚线，其构造尺寸如 7-4 所示，该房屋墙厚均为 240mm，踢脚线高为 150mm，计算木质踢脚线的工程量。

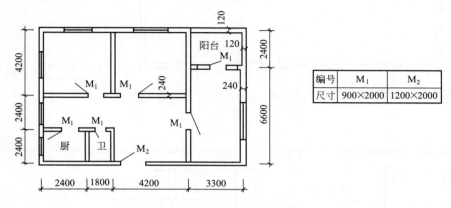

图 7-4 某房屋成品木质踢脚线平面图

编号	M₁	M₂
尺寸	900×2000	1200×2000

【解】 房屋踢脚线长度＝（房屋宽度＋房屋长度）×2

$$=(4.2-0.24+4.2-0.24)\times2\times2+(2.4-0.24+2.4+1.8+$$
$$4.2-0.24)\times2+(3.3-0.24+6.6-0.24)\times2$$

$$=31.68+20.64+18.84$$

$$=71.16(m)$$

应扣除的门洞宽度＝M₁门宽度×9＋M₂门宽度
$$=0.9\times9+1.2=9.30(m)$$

应增加的侧壁长度＝0.24m 墙厚×6＋0.12m 墙厚×8
$$=0.24\times6+0.12\times8=2.40(m)$$

踢脚线的工程量＝（房屋踢脚线长度－应扣除的门洞宽度＋应增加的侧壁长度）×踢脚线高度
$$=(71.16-9.3+2.4)\times0.15=64.26\times0.15=9.64(m^2)$$

第二节 墙、柱面装饰与隔断、幕墙工程工程量计算及实例

一、墙面工程清单工程量计算实例

【实例 7-5】 某砖混结构工程如图 7-5 所示，外墙面抹水泥砂浆，底层 1：3 水泥砂浆打底，14mm 厚；面层为 1：2 水泥砂浆抹面，6mm 厚。外墙裙水刷石，1：3 水泥砂浆打底，12mm 厚；刷素水泥浆 2 遍；1：2.5 水泥白石子，10mm 厚。挑檐水刷白石子，厚度与配合比均与定额相同。内墙面抹 1：2 水泥砂浆打底，1：3 石灰砂浆找平层，麻刀石灰浆面层，共 20mm 厚。内墙裙采用 1：3 水泥砂浆打底，19mm 厚，1：2.5 水泥砂浆面层，6mm 厚，计算内、外墙抹灰工程量。

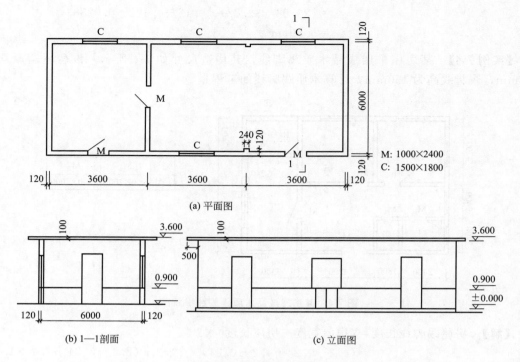

图 7-5 某建筑物示意图

【解】 （1）内墙

内墙面抹灰工程量＝内墙面面积－门窗洞口的空圈所占面积＋墙垛、附墙烟囱侧壁面积

$$=[(3.6×3-0.24×2+0.12×2)×2+(6.0-0.24)×4]×$$
$$(3.60-0.10-0.90)-1.0×(2.40-0.90)×4-1.50×1.80×4$$
$$=98.02(m^2)$$

内墙裙抹灰工程量＝内墙面净长度×内墙裙抹灰高度－门窗洞口和空圈所占面积＋墙垛、附墙烟囱侧壁面积

$$=[(3.6×3-0.24×2+0.12×2)×2+(6.0-0.24)×4-1.0×$$
$$4]×0.90=36.14(m^2)$$

（2）外墙

外墙面水泥砂浆工程量＝外墙周长×外墙面水泥砂浆高度－门的宽度×外墙面水泥砂浆高度

$$=[(3.6×3+0.24+6.0+0.24)×2×(3.60-0.10-0.90)-1.0×$$
$$(2.40-0.90)×2-1.50×1.80×4]$$
$$=76.06(m^2)$$

外墙裙水刷白石子工程量＝（外墙周长－门宽）×墙裙水刷白石子高度

$$=[(3.6×3+0.24+6.0+0.24)×2-1.0×2]×0.90$$
$$=29.30(m^2)$$

内、外墙抹灰工程量汇总：内墙面抹灰工程量 98.02m²，内墙裙抹灰工程量 36.14m²，外墙面水泥砂浆工程量 76.06m²，外墙裙水刷白石子工程量 29.3m²。

【实例 7-6】 某工程挑檐天沟剖面，其构造尺寸如图 7-6 所示，该挑檐天沟长度为 120m，计算正面水刷白石子挑檐天沟墙面装饰抹灰的工程量。

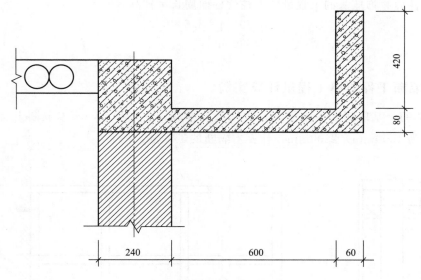

图 7-6　挑檐天沟剖面图

【解】　挑檐天沟正面的工程量＝挑檐天沟宽度×挑檐天沟长度

$$＝(0.42＋0.08)×120＝60.00(\text{m}^2)$$

二、　柱面工程清单工程量计算实例

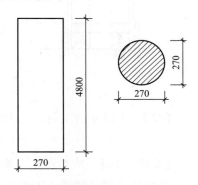

图 7-7　圆形混凝土柱示意图

【实例 7-7】　某建筑有一圆形混凝土柱，其构造尺寸如图 7-7 所示，计算圆形混凝土柱面一般抹灰的工程量。

【解】　柱面一般抹灰的工程量

$$＝圆形混凝土柱直径×3.14×高度$$

$$＝0.27×3.14×4.8$$

$$＝4.07(\text{m}^2)$$

【实例 7-8】　某房间用水刷石装饰方柱的柱面，其构造尺寸如图 7-8 所示，该房间总共有这样的 6 根柱子，计算该柱装饰面的工程量。

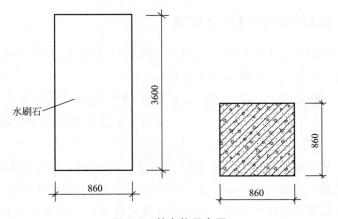

水刷石

图 7-8　某方柱示意图

【解】 柱面装饰抹灰的工程量＝方柱的柱面周长×柱高×6
$$=0.86×4×3.6×6$$
$$=74.30(m^2)$$

三、 隔断工程清单工程量计算实例

【实例 7-9】 某房间有一木隔断，其构造尺寸如图 7-9 所示，该木隔断上有一木质门，木质门规格为 1500mm×2100mm，计算木隔断的工程量。

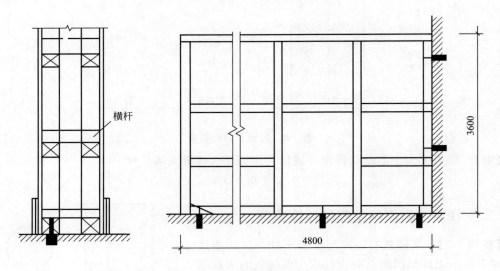

横杆

3600

4800

图 7-9　木隔断示意图

【解】 木隔断的工程量＝木隔断的长度×木隔断的宽度
$$=4.8×3.6=17.28(m^2)$$

【实例 7-10】 某工程有成品隔断 10 间，该成品隔断高为 3.6m，隔断为玻璃材料制成的，计算成品隔断的清单工程量。

【解】 成品隔断的清单工程量＝隔断数量＝10（间）

四、 幕墙工程清单工程量计算实例

【实例 7-11】 某全玻（无框玻璃）幕墙，其构造尺寸如图 7-10 所示，该幕墙纵向带有肋玻璃，计算全玻（无框玻璃）幕墙的工程量。

【解】 全玻（无框玻璃）幕墙的工程量＝全玻（无框玻璃）幕墙长度×全玻（无框玻璃）幕
墙宽度＋胶黏剂长度×胶黏剂宽度×数量
$$=5.1×4.5+4.5×0.45×4=31.05(m^2)$$

【实例 7-12】 某带骨架幕墙，其构造尺寸如图 7-11 所示，这样的幕墙共有幕墙两堵幕墙上开了一个带亮窗，其规格为 1500mm×2100mm，计算带骨架幕墙的工程量。

【解】 带骨架幕墙的工程量＝带骨架幕墙长度×带骨架幕墙宽度×数量－带亮窗的面积
$$=5.1×4.2×2-2.1×1.5=39.69(m^2)$$

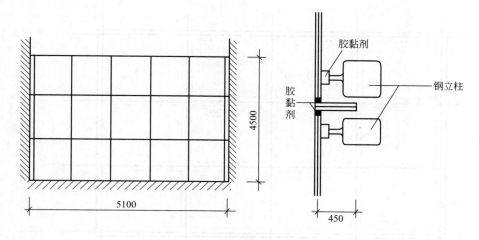

图 7-10 全玻幕墙立面示意图

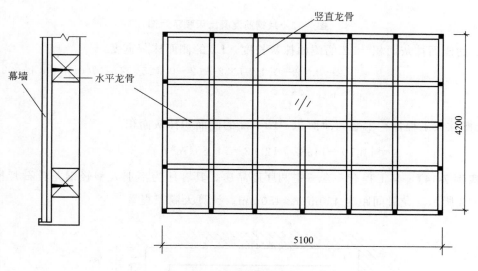

图 7-11 带骨架幕墙示意图

第三节 天棚工程工程量计算及实例

【实例 7-13】 某钢筋混凝土天棚如图 7-12 所示。已知板厚 100mm，计算其天棚抹灰工程量。

【解】 主墙间净面积＝钢筋混凝土天棚长度×钢筋混凝土天棚宽度

$$=(2.0\times4-0.24)\times(2.0\times3-0.24)=44.70(\text{m}^2)$$

L1 的侧面抹灰面积＝L1 的侧面抹灰长度×L1 的侧面抹灰宽度

$$=[(2.0-0.12-0.125)\times2+(2.0-0.125\times2)\times2]\times(0.6-0.1)\times$$

$$2\times2+0.1\times0.25\times3\times2\times2=14.32(\text{m}^2)$$

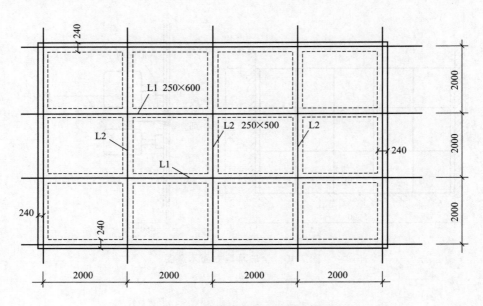

图 7-12 某钢筋混凝土天棚示意图

L2 的侧面抹灰面积＝L2 的侧面抹灰长度×L2 的侧面抹灰宽度

$$＝[(2-0.12-0.125)×2+(2-0.125×2)]×(0.5-0.1)×2×3$$

$$＝12.63(m^2)$$

天棚抹灰工程量＝主墙间净面积＋L1、L2 的侧面积抹灰面积

$$＝44.70+14.32+12.63=71.65(m^2)$$

【实例 7-14】 某工程有一套三室两厅商品房，其客厅为不上人型轻钢龙骨石膏板吊顶，如图 7-13 所示，龙骨间距为 450mm×450mm。计算天棚工程量。

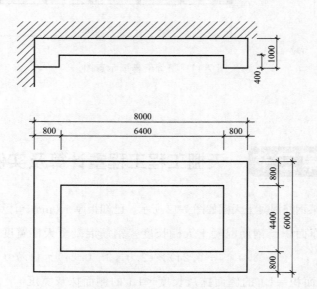

图 7-13 某工程天棚不上人型轻钢龙骨石膏板吊顶平面图及剖面图

【解】 天棚工程量＝天棚长度×天棚宽度＝8.0×6.0＝48.00(m²)

第四节 门窗工程工程量计算及实例

一、 门工程清单工程量计算实例

门窗工程造价常用数据

扫码查看本资料

【实例 7-15】 某住宅楼防盗门的门洞，其构造尺寸如图 7-14 所示，共有 12 樘这样的防盗门，计算防盗门的工程量。

【解】 防盗门的工程量＝防盗门数量＝12（樘）

或

防盗门宽度×防盗门高度
$$=1.2×2.4×12=34.56(m^2)$$

【实例 7-16】 某金属地弹门的示意图（不含门洞，现场制作安装）如图 7-15 所示，某办公室有 10 樘这样的金属地弹门，计算金属地弹门的工程量。

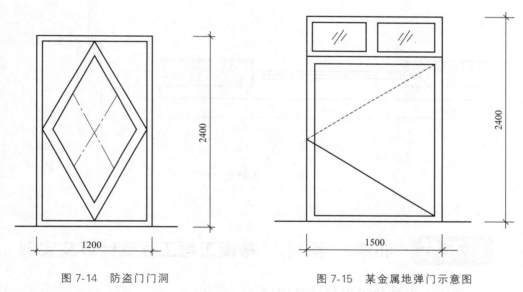

图 7-14 防盗门门洞   图 7-15 某金属地弹门示意图

【解】 金属地弹门的工程量＝金属地弹门宽度×金属地弹门高度×数量
$$=1.5×2.4×10=36(m^2)$$

二、 窗工程清单工程量计算实例

【实例 7-17】 某住宅楼采用金属固定窗，其构造尺寸如图 7-16 所示，该住宅楼有 8 间房屋，每间房屋有窗 5 樘，计算金属窗的工程量。

【解】 金属窗的工程量＝房屋数量×每间房屋窗数量＝8×5＝40（樘）

【实例 7-18】 某房间需要做 5 处大理石窗台板，其构造尺寸如图 7-17 所示，计算石材窗台板工程量。

【解】 石材窗台板的工程量＝窗台板长度×窗台板厚度
$$=(0.84+0.84)×0.1+1.8×(0.1+0.14)=0.60(m^2)$$

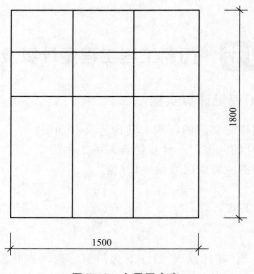

图 7-16 金属固定窗

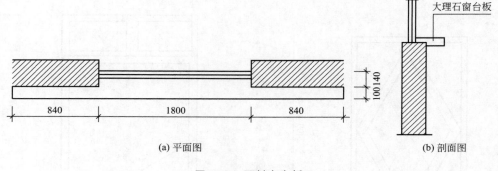

(a) 平面图   (b) 剖面图

图 7-17 石材窗台板

第五节 油漆、 涂料、 裱糊工程工程量计算及实例

一、 油漆工程清单工程量计算实例

【实例7-19】 某工程喷有油漆的木质推拉门，其构造尺寸如图 7-18 所示，该工程共有 14 个这样的木质门喷油漆，计算木质推拉门的油漆工程量。

【解】 木门油漆的工程量＝木质推拉门宽度×木质推拉门高度×数量

$$= 1.8 \times 2.4 \times 14 = 60.48 (m^2)$$

【实例7-20】 某工程共有喷有油漆的金属门 20 樘，该金属门高为 2m，计算金属门的清单工程量。

【解】 金属门的工程量＝金属门的数量＝20（樘）

二、 涂料工程清单工程量计算实例

【实例7-21】 某工程有长 5m 的抹灰线条，共有 10 条这样的抹灰线条，现需要将抹灰

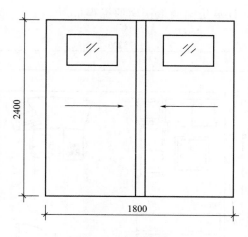

图 7-18 木质推拉门

线条刷上油漆，计算抹灰线条油漆的清单工程量。

【解】 抹灰线条油漆的清单工程量＝抹灰线条数量×抹灰线条长度

$$=10×5=50（m）$$

【实例 7-22】 某刷喷涂料房间墙面为混凝土墙彩色喷涂，其构造尺寸如图 7-19 所示，该房间窗高为 1.4m，层高为 3.6m，窗洞侧涂料宽为 100mm，门高为 2.1m，地面上瓷砖贴面的高为 210mm，计算墙面刷喷涂料的工程量。

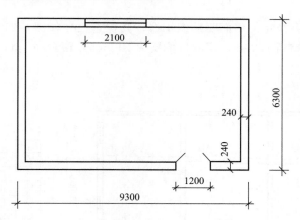

图 7-19 某刷喷涂料房间墙面示意图

【解】 墙面刷喷涂料的工程量＝墙面宽度×瓷砖高度－门瓷砖面积-窗瓷砖面积＋窗洞侧涂料面积

$$=(6.3-0.24×2+9.3-0.24×2)×(3.6-0.21)-(2.1-0.21)×1.2-1.4×2.1+1.4×0.1×2$$

$$=49.63-2.27-2.94+0.28$$

$$=44.70（m^2）$$

三、 裱糊工程清单工程量计算实例

【实例 7-23】 某住宅书房墙面裱糊金属墙纸，其构造尺寸如图 7-20 所示，该书房窗的规格为 1500mm×1500mm，门的规格为 1200mm×2100mm，房间榉木踢脚板高为 150mm，房间顶棚高度为 2800mm，计算房间墙纸裱糊的工程量。

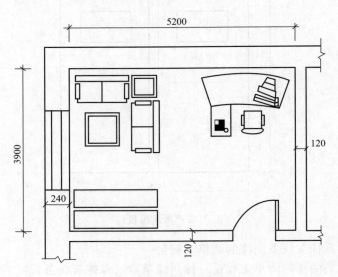

图 7-20 书房平面布置图

【解】 墙纸裱糊的工程量＝房间墙面周长×房间顶棚高度－窗面积－门面积

$$=(3.9+5.2)×2×(2.8-0.15)-1.5×1.5-1.2×2.1$$

$$=43.46(m^2)$$

【实例 7-24】 某办公室的墙面要贴织锦缎，其构造尺寸如图 7-21 所示，该办公室吊平顶标高 3.50m，木墙裙高 1.20m，窗洞口侧壁为 100mm，窗台高 1m，计算织锦缎裱糊的工程量。

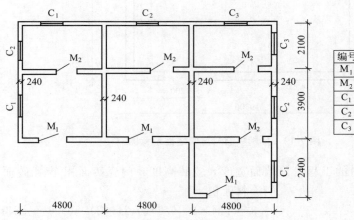

编号	尺寸
M_1	2100×2400
M_2	1500×2100
C_1	1800×1800
C_2	1500×1500
C_3	1200×1500

图 7-21 办公室平面示意图

【解】 织锦缎裱糊的工程量＝{[(2.1×4.8)的房间－墙厚]×2×3＋[(3.9×4.8)的房间－墙厚]×2×3＋[(24×4.8)的房间－墙厚]×2}×(吊顶高度－木墙裙高度)－M_1 的面积－M_2 的面积－C_1 的面积－C_2 的面积－C_3 的面积＋窗口面积

$$=\{[(2.1-0.24+4.8-0.24)×2×3+(3.9-0.24+4.8-0.24)×2×$$

$$3+(2.4-0.24+4.8-0.24)\times2]\}\times(3.5-1.2)-2.1\times$$

$$(2.4-1.2)\times3-1.5\times(2.1-1.2)\times4-1.8\times(1.8-0.1)\times3-$$

$$1.5\times(1.5-0.1)\times2-1.2\times(1.5-0.1)\times3+1.8\times2\times0.1\times3+$$

$$1.5\times2\times0.1\times2+1.5\times2\times0.1\times3$$

$$=(38.52+49.32+13.44)\times2.3-7.56-5.4-9.18-4.2-5.04+$$

$$1.08+0.6+0.9$$

$$=232.94-7.56-5.4-9.18-4.2-5.04+1.08+0.6+0.9$$

$$=204.14(m^2)$$

第六节 其他工程工程量计算及实例

【实例 7-25】 某商场饰品店货架示意图，如图 7-22 所示，该商场共有这样的货架 240 个，计算货架的工程量。

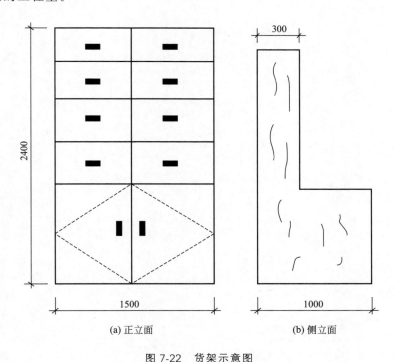

(a) 正立面　　　　　(b) 侧立面

图 7-22　货架示意图

【解】 货架的工程量=货架数量=240（个）

【实例 7-26】 某户外竖式广告牌，其构造尺寸如图 7-23 所示，广告牌面层材料为不锈钢板，上面有浮层雕花。计算平面招牌工程量。

【解】 平面招牌的工程量=广告牌高度×广告牌宽度

$$=3.6\times4.9=17.64(m^2)$$

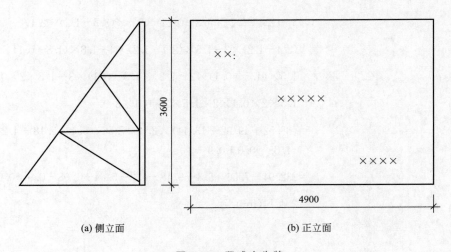

(a) 侧立面　　　　　　　　(b) 正立面

图 7-23　竖式广告牌

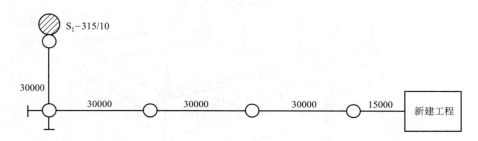

第八章 ▶▶
安装工程工程量的计算

第一节 电气设备安装工程工程量计算及实例

一、 电气设备安装工程清单工程量计算实例

【实例8-1】 某新建工程采用架空线路，如图8-1所示，混凝土电杆高10m，间距为30m，选用 BLX-($3\times70+1\times35$)，室外杆上干式变压器容量为315kV·A，变后杆高15m。计算干式变压器的工程量。

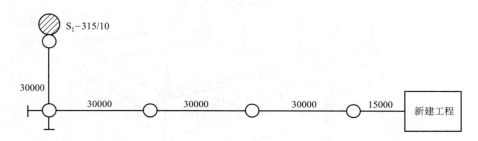

图 8-1 某外线工程平面图

【解】 干式变压器的工程量＝干式变压器的数量＝1（台）

二、 电缆安装工程清单工程量计算实例

【实例8-2】 某工厂敷设电缆，电缆自工厂外电杆 N_1 处引下埋设到 N_1 号厂房的动力箱，如图8-2所示。已知 N_1 号厂房的动力箱为 XL（F）-15-0042，高2.0m，宽0.6m，箱距地面高为0.5m，每端备用长度为2.28m，埋深为0.7m，计算电缆的工程量。

【解】 电缆埋设的工程量＝2.28＋70＋50＋35＋5＋2.28＋2×0.7＋0.5＋（2.0＋0.6）

＝169.06（m）

（2.28为备用长，0.7为埋深，0.5为箱距地高，2.0＋0.6为箱宽＋箱高）

三、 防雷及接地装置安装工程清单工程量计算实例

【实例8-3】 有一高层建筑物高3.6m，檐高38.8m，外墙轴线总周长100m，避雷针设置在房角处，如图8-3所示。计算该高层避雷针的工程量。

【解】 避雷带的工程量＝避雷带的数量＝7（根）

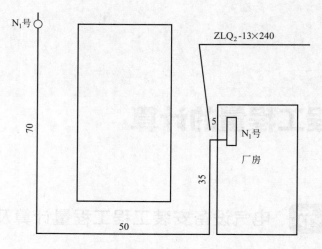

图8-2　电缆敷设示意图（单位：m）

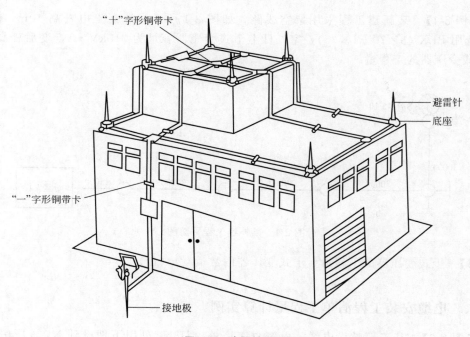

图8-3　避雷针设置

四、 10kV 以下架空配电线路工程清单工程量计算实例

【实例8-4】　某工地架设 380V/220V 三相四线路，电杆高 10m，每两根相隔 50m，有电杆 20 根，计算电杆组立的工程量。

【解】　电杆组立的工程量＝电杆组立的数量＝20（根）

五、 配管、 配线工程清单工程量计算实例

【实例8-5】　某塔楼共 26 层，层高 3.2m，每层的配电箱均高 0.6m，且安装在平面同一位置。立管用直径为 30mm 的焊接钢管，计算该塔楼电气配管工程量。

【解】 配管的工程量＝总楼层×每层配管的长度

$$＝（26-1）×3.2=80.00（m）$$

【实例 8-6】 某楼层层高 3.2m，该楼层的配电箱如图 8-4 所示，配电箱安装高度为 1m，计算电气配线工程量。

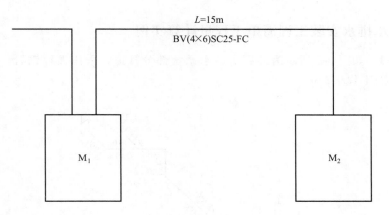

图 8-4 配电箱

【解】 配线的工程量＝[15＋（3.2-1）×3]×4＝86.40(m)

说明：配电箱 M_1 有进出两根管，所以立管共 3 根，要乘以 3。

六、 照明器具安装工程清单工程量计算实例

【实例 8-7】 某工厂厂房采用荧光灯，其接线图如图 8-5 所示，已知该工厂厂房为一层的混凝土砖石结构，顶板距地面高度为 4m，室内装置定型照明配电箱（XM-70-3/0）1 台，荧光灯（40W）20 盏，拉线开关 10 个，由配电箱引上 2.5m 为钢管明设（$\phi5$），其余为磁夹板配线，用 BLX2.5 电线，引入线设计属于低压配电室范围，所以不用考虑。计算荧光灯工程量。

【解】 荧光灯的工程量＝荧光灯的数量＝20（套）

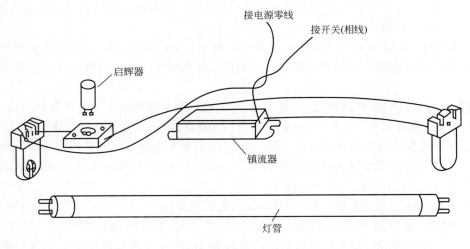

图 8-5 荧光灯接线图

第二节 给水排水、采暖、燃气安装工程工程量计算及实例

一、 给水排水安装工程清单工程量计算实例

【实例 8-8】 如图 8-6 所示为某厨房给水系统部分管道，采用镀锌钢管，螺纹连接，试计算镀锌钢管的工程量。

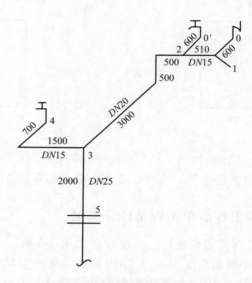

图 8-6 某厨房给水系统示意图

【解】 $DN25$：2.0m（节点 3 到节点 5）

$DN20$：3+0.5+0.5（节点 3 到节点 2）＝4.0（m）

$DN15$：1.5+0.7（节点 3 到节点 4）+0.5+0.6+0.6（节点 2 到节点 0，节点 2 到节点 1 再到节点 0）＝3.9（m）

【实例 8-9】 某学校的公共浴室给水系统示意图，如图 8-7 所示，室内给水管材采用热浸镀锌钢管，螺纹连接，明装管道外刷面漆两道，淋浴喷头 6 个，计算该给水系统的镀锌钢管工程量。

【解】 （1）$DN25$ 镀锌钢管（立管部分）的工程量＝套管至分支管处长度＝1（m）

（2）$DN20$ 镀锌钢管（立管部分）的工程量＝立管分支处到与水平管交点处＝0.5（m）

$DN20$ 镀锌钢管（水平部分）的工程量＝（洗手水龙头部分长度）＋（水龙头与立管间距）＋（立管与淋浴器支管连接管之间长度）＋0.65＋（两个淋浴器之间间距为 1m，共 6 段）＝1.1+1+3.3+0.65+1×6＝12.05（m）

$DN20$ 镀锌钢管的工程量＝0.5+12.05＝12.55（m）

（3）$DN15$ 镀锌钢管的工程量＝（两个洗手盆水龙头用管长度，每一个的长度为 0.55m）＋（每个淋浴器分支管与水平管的距离为 1m）＋（淋浴器竖直分支管与喷头之间的连接管段长为 0.3m）＝0.55×2+1×6+0.3×6＝8.90（m）

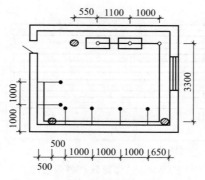

(a) 某浴室给水系统平面图

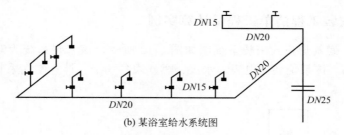

(b) 某浴室给水系统图

图 8-7 某浴室给水系统示意图

二、采暖安装工程清单工程量计算实例

【实例 8-10】 幼儿园供暖系统图如图 8-8 所示，该幼儿园共三层，每层均为 2.8m，该系统图为供暖系统图中的部分立管示意图，共需散热器 136 片。试计算散热器工程量。

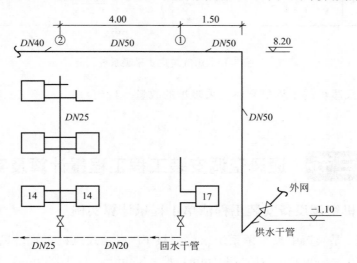

图 8-8 供暖系统图

【解】 散热器工程量＝散热器的数量＝136（片）

【实例 8-11】 光排管散热器示意图如图 8-9 所示，散热器长 $L=900$mm，$H=400$mm，$B=90$mm，计算光排管散热器的工程量。

【解】 光排管散热器制作安装的工程量＝散热器长＝0.9（m）

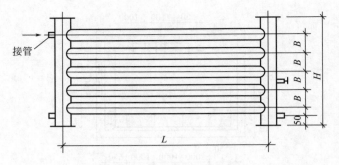

图 8-9 光排管散热器示意图

三、 燃气安装工程清单工程量计算实例

【实例 8-12】 燃气炉户式采暖系统图如图 8-10 所示，该采暖系统为双管制，散热器支管管径均为 20mm，该系统装有电表、水表、燃气表各一个。计算燃气采暖炉的工程量。

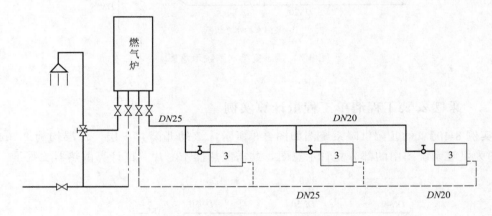

图 8-10 燃气炉户式采暖系统

【解】 燃气采暖炉的工程量＝燃气采暖炉的数量＝1（台）

第三节 通风空调安装工程工程量计算及实例

一、 通风机空调设备安装工程清单工程量计算实例

【实例 8-13】 某宾馆中央空调系统末端连接 FP 型卧式风机盘管，风机盘管安装如图 8-11 所示，已知 $A=1500mm$，$B=1300mm$，$K=830mm$，$G=180mm$，$D=1200mm$，计算风机盘管工程量。

【解】 风机盘管的工程量＝风机盘管的数量＝1（台）

【实例 8-14】 某空气加热器结构示意图如图 8-12 所示，其型号为 WTG-Ⅱ-100/380，尺寸为 $\phi200\times1400$，计算空气加热器的工程量。

【解】 空气加热器的工程量＝空气加热器的数量＝1（台）

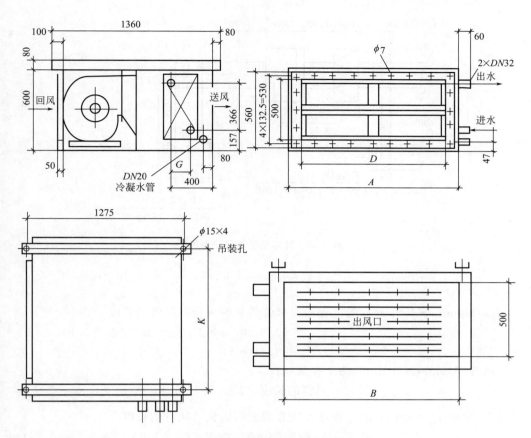

图 8-11　FP 型卧式风机盘管安装示意图

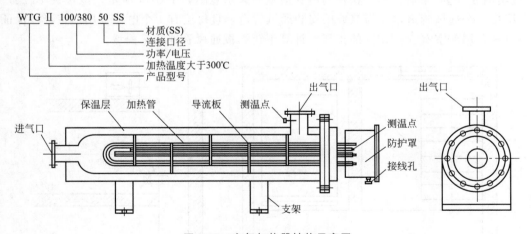

图 8-12　空气加热器结构示意图

二、 通风管道安装工程清单工程量计算实例

【实例 8-15】 某宾馆的排风示意图如图 8-13 所示，计算风管的工程量。

【解】 （1）风管（800mm×400mm）的工程量

长度＝风管的长度

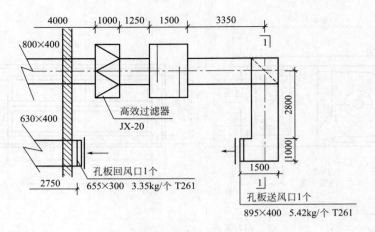

图 8-13 某宾馆的排风示意图

$$L_1 = 4 + 1.25 + 3.35 + 1.6 + 2.8 + 1 + 1.5 - \frac{0.8}{2} = 15.10 \text{（m）}$$

风管（800mm×400mm）的工程量＝风管截面的周长×风管的长度

$$= (0.8+0.4) \times 2 \times L_1 = 1.2 \times 2 \times 15.10$$

$$= 36.24 (\text{m}^2)$$

（2）风管（630mm×400mm）的工程量计算

$$长度＝风管的长度＝L_2 = 2.75 (\text{m})$$

风管（630mm×400mm）的工程量＝风管截面的周长×风管的长度

$$= (0.63+0.4) \times 2 \times L_2 = 1.03 \times 2 \times 2.75 = 5.67 (\text{m}^2)$$

【实例 8-16】 某居民楼的楼梯与电梯前室通风示意图如图 8-14 所示，该楼共 16 层，每个一层接一个通风管道，即为双数层安装通风管道，且每层有 1 个电梯合用前室，以保证楼梯与电梯合用前室有 5～10Pa 的正压。计算不锈钢板通风管件的工程量。

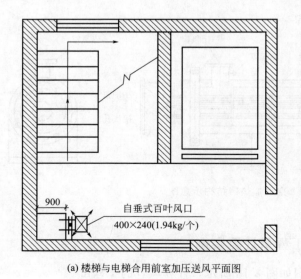

(a) 楼梯与电梯合用前室加压送风平面图   (b) 前室正压送风轴测图

图 8-14 楼梯与电梯前室通风示意图

【解】　长度 $L=0.9×8$（共 8 层有）$×1$（每层有 1 个电梯合用前室）$=7.2（m）$

不锈钢板风管的工程量＝风管截面的周长×风管长度

$$=(0.36+0.36)×2×L=0.72×2×7.2=10.37（m^2）$$

三、通风管道部件安装工程清单工程量计算实例

【实例 8-17】　某通风管如图 8-15 所示，该管长 6m，断面尺寸为 600mm×600mm，一处吊托支架，管上安装 900mm×600mm 的不锈钢铝蝶阀（成品），计算铝蝶阀的工程量。

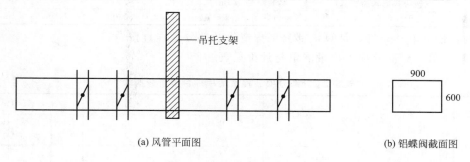

(a) 风管平面图　　　　　　(b) 铝蝶阀截面图

图 8-15　通风管示意图

【解】　铝蝶阀的工程量＝铝蝶阀的数量＝4（个）

【实例 8-18】　某空调组成如图送风口管道示意图如图 8-16 所示，W-2 分段式空调冷风量 12000m³/h，对开多叶调节阀采用 T308-1 型号，软接口 $l=300mm$，聚酯泡沫消声器 $l=800mm$，送风口塑料质带调节阀散流器的型号为 FJS-1，计算散流器的工程量。

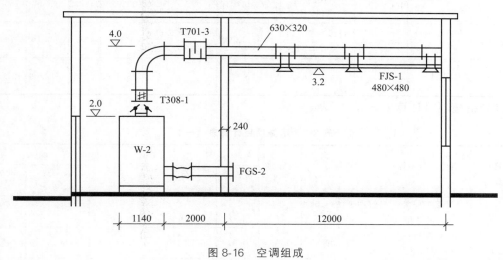

图 8-16　空调组成

【解】　散流器的工程量＝散流器的数量＝3（个）

第四节　建筑智能化系统设备安装工程工程量计算及实例

【实例 8-19】　某市一所大学的图书馆工程建筑面积 6500m²，框架结构，地下 1 层，地上 7

层。合同规定 2014 年 10 月 10 日开工,合同约定采用工料单价法计价。

已知:本工程综合布线系统部分工程量及市场价格见表 8-1。

表 8-1　工程量及市场单价

序号	项目名称	安装方式	单位	数量	市场单价
1	成套电话组线箱(100 对)	暗装距地 0.5m	台	8	2300 元/台
2	超五类 4 对非屏蔽双绞线 UTP5	穿钢管敷设	m	3850	3 元/m
3	焊接钢管 SC20	混凝土结构暗敷	m	950	4800 元/t(1.63kg/t)
4	8 位模块式信息插座双口	暗装距地 0.3m	个	120	35 元/个
5	接地母线敷设－40×4	等电位联结,户内安装	m	530	6.68 元/m

问题:依据上述条件,计算该部分工程造价及部分工程直接费。

【解】　(1) 分部分项工程量清单与计价见表 8-2。

表 8-2　分部分项工程量清单综合单价分析表

序号	定额编号	项目名称规格	单位	数量	基价单价/元	其中 人工费/元	其中 机械费/元	其中 主材费/元	基价合价/元	其中 人工费/元	其中 机械费/元	其中 主材费/元
1	12-114	成套电话组线箱(100 对)	台	8	50.27+2300 =2350.27	45.2	2.37	2300	18802.16	361.6	18.96	18400
2	12-1	超五类 4 对双绞线 UTP5	100m	38.5	374.61+306 =374.61	56.4	10.64	102×3=306	14422.49	2171.4	409.64	11781
3	12-21	双孔信息插座	个	120	4.4+35.35 =39.75	4.4		1.01×35 =35.35	4770	528		4242
4	2-1020	钢管暗配 SC20	100m	9.5	343.61+805.87 =1149.48	255.6	41.46	103×1.63×4.8 =805.87	10920.06	2428.2	393.87	7655.77
5	2-709	户地接地母线－40×4	10m	53	89.52+70.14 =159.66	49.6	13.03	10.5×6.68 =70.14	8461.98	2628.8	690.59	3717.42
6		小计							57376.69	8118	1513.06	45796.19

(2) 措施项目计算见表 8-3、表 8-4。

表 8-3　措施项目计算表 (一)

序号	定额编号	措施项目名称	计算基数	基价/%	其中 人工费/%	其中 机械费/%	合价/元	其中 人工费/元	其中 机械费/元
7		直接工程费人、机之和	8118+1513.06 =9631.06						
8	2-1877 12-1112	超高费(9 层以下)	9631.06	7.56	0.84	6.72	728.11	80.9	647.21
9	2-1896 12-1131	检验试验配合费	9631.06	1.07	0.43	0	103.05	41.41	0
10		含可竞争措施费的人、机之和	9631.06+80.9+ 647.21=10359.17						
11	2-1906 12-1140	安全防护、文明施工费	10359.17	9.24	2.5	0.92	957.19	258.98	95.3
12		措施费合计					728.11+103.05+ 957.19 =1788.35	80.9+41.41 +258.98 =381.29	647.21 +95.3 =742.51

表 8-4 措施项目计算表（二）

序号	费用项目名称	计算基数	费用标准/%	合价/元	其中	
					人工费/元	机械费/元
13	直接费合计			57376.69+1788.35 =59165.04	8118+381.29 =8499.29	1513.06+742.51 =2255.57

第九章

CAD2018图形导入识别

一、 CAD草图的导入

1. 导入

第一步：单击导航栏"CAD识别"下的"CAD草图"，如图9-1所示。

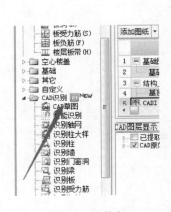

图9-1 导航栏

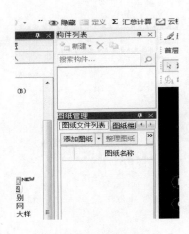

图9-2 CAD对话框

第二步：单击"导入CAD图"按钮，在导入CAD图形对话框中，选中要导入的CAD图，如选上"××工程"，右边出现要导入的图形。这个图形可以放大，如图9-2所示。

第三步：在下面文件名栏中出现：××结构，单击"打开"，如图9-3所示。

第四步：当出现"请输入原图比例"对话框，软件设置为1∶1，单击"确定"。这样××结构的CAD图就导过来了，如图9-4所示。

2. 保存CAD图

一个工程存在多个楼层、多种构件类型的CAD图在一起，为了方便导图，需要把各个楼层"单独拆分"出来，这时就要逐个把要用到的楼层图单独导出为一个独立文件，再利用这些文件识别，其方法如下。

（1）单击菜单栏中的"CAD识别"，再单击"导出选中的CAD图形"，然后在绘图区域"拉框选择"想要导出的图。

（2）单击右键确定，弹出"另存为"对话框。

（3）在另存为的对话框中的"文件名"栏中，输入"文件名"，如桩基图，单击"保存"。

图 9-3 打开文件

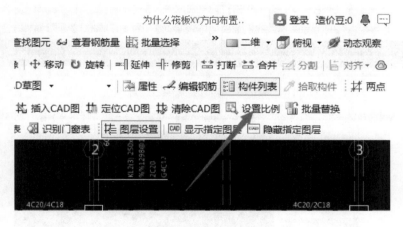

图 9-4 CAD 导图

（4）在弹出的"提示"对话框时，单击"确定"，完成导出保存拆分 CAD 图的操作。

3. 清除 CAD 图

全部图纸导出保存后，单击"清除 CAD 图"按钮，这时，就可把全部原来的 CAD 图清理了，如图 9-5 所示。

4. 提取拆分的 CAD 图

第一步：首先切换到"基础层"，单击"导入 CAD 图"，弹出"导入 CAD 图形"对话框。

第二步：选择"基础图"，单击"打开"，在弹出的"请输入原图比例"对话框，软件设置为 1 : 1，单击"确定"。这样，基础图就显示出来了，如图 9-6、图 9-7 所示。

图 9-5　清除 CAD 图

图 9-6　拆分 CAD 图（一）

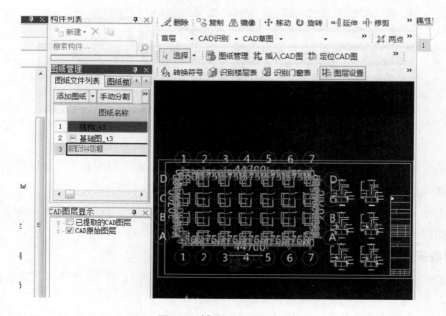

图 9-7　拆分 CAD 图（二）

二、 轴网的导入识别

第一步：点击"导航"条下的"CAD识别"，单击"识别轴网"，如图9-8所示。

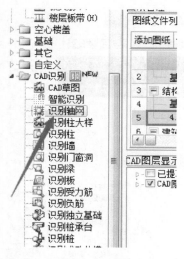

第二步：单击绘图工具栏中的"提取轴线边线"，再单击"图层设置"按钮，点击"选择相同图层的CAD图元"或"选择相同颜色的CAD图元"，如图9-9所示。

第三步：单击需要提取的轴线（此过程中也可以点选或框选需要提取的CAD图元），如图9-10所示。具体步骤如下。

（1）点击右键确认选择，则选择上的轴线自动消失，并存放在"已提取的CAD图层"中。

（2）单击绘图工具栏中的"提取轴线标识"，再单击"图层设置"按钮，点击"选择相同图层的CAD图元"或"选择相同颜色的CAD图元"，如图9-11所示。

（3）单击需要提取的轴线标识（此过程中也可以点选或框选需要提取的CAD图元）。

（4）点击右键确认选择，则选择上的轴线自动消

图9-8 轴网导航

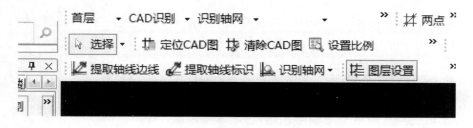

图9-9 轴线边线

失，并存放在"已提取的CAD图层"中。

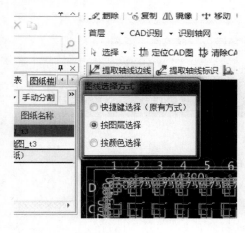

图9-10 轴线（一）

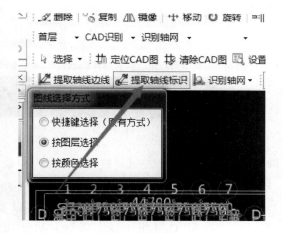

图9-11 轴线（二）

第四步：自动识别轴网，在完成"提取轴线边线"和"提取轴线标识"的操作后，单击菜单栏"CAD识别"，单击"识别轴网"，这样整个轴网就被识别了，如图9-12所示。

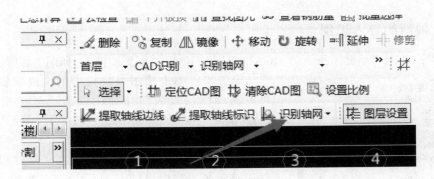

图 9-12 自动识别轴网

第五步：在轴网识别后，有时会出现部分轴线没有轴线标识。

（1）单击导航栏中的"轴线"选择"辅助轴线"，如图 9-13 所示。

（2）单击"修改轴号"按钮，如图 9-14 所示。

（3）单击左键，选择没有"轴号"的轴线，弹出"请输入轴号"对话框，如图 9-15 所示。

（4）在"请输入轴号"对话框中的"轴号栏"里输入相应的"轴号"，如：1、2、3 等。

（5）单击"确定"，这样没有轴线标识的轴线就有了标识。

第六步：合并两个轴网。有时一栋房屋太长，CAD图把它分两部分画，导过来之后可把它们合并成一个轴网。

可以用"重新定位 CAD 图"的方法把两个轴网合并。

在导入进来的 CAD 轴网图，把鼠标移到下面轴网图的 10 轴与 1 轴交点（即第二个轴网起始点），单击左键，出现一根细白线，再移动鼠标至识别完的上面轴网的 10

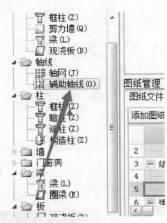

图 9-13 辅助轴线

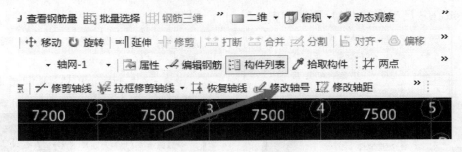

图 9-14 修改轴号

轴与 1 轴交点，单击左键，这样两个轴网就合并在一起了，如图 9-16 所示。

三、转换钢筋符号

第一步：把 CAD 图放大，找到 CAD 图原钢筋符号，如：3‰‰13116。

单击"转换符号"按钮，在弹出的"转换钢筋级别符号"对话框中，在 CAD 原始符号栏内，用鼠标左键点击原 CAD 图的钢筋符号，如 3‰‰13116，这时在"转换钢筋级别符号"对话框中的 CAD 原始符号栏内，出现了转换钢筋符号形式，如图 9-17、图 9-18 所示。

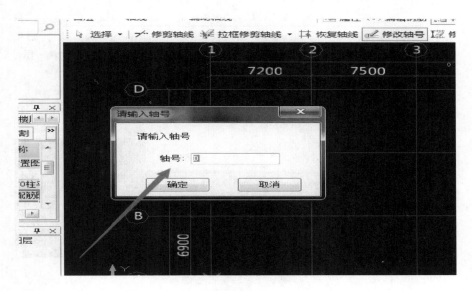

图 9-15　轴号

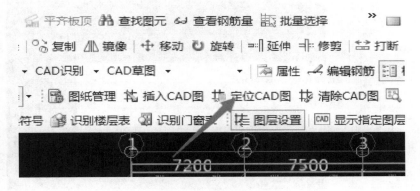

图 9-16　图层设置

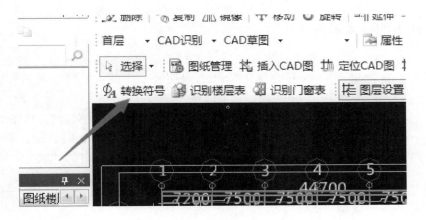

图 9-17　转换符号

第二步：单击"转换"，弹出的"确认"框中，单击"是"。一次转换不完，再转换，直至全部转换完毕，单击结束，如图 9-19 所示。

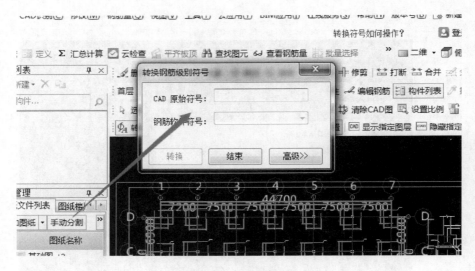

图 9-18　转换符号栏

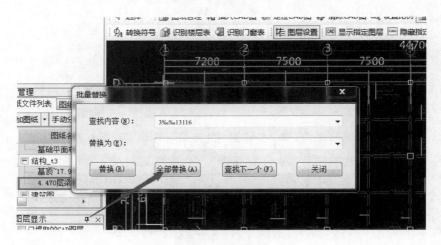

图 9-19　替换栏

四、　柱表的导入识别

第一步：在"CAD"草图中识别柱表。导入柱表后单击"识别柱表"按钮，左键框选"柱表"，单击右键"确认"。这时会弹出的"识别柱表—选择对应列"对话框，如图 9-20 所示。

第二步：在柱表的第一行的空白行中，单击左键，右边出现"对勾"，如图 9-21 所示。

第三步：单击"对勾"，选择：柱号、标高、b ∗ h、b1、b2、h1、h2、角筋、b 边一侧、h 边一侧、箍筋类型号、箍筋，选定后单击"确定"，在弹出的"确定"框中，单击"确定"。

第四步：单击"生成构件"，弹出"确认"表，单击"确定"，弹出"提示构件生成成功"，单击"确定"。如图 9-22、图 9-23 所示。

第五步：在该"构件列表"中，单击"新建柱"，在图 9-24 中出现 KZ1 柱，可填柱的数据。也可在该"柱列表"中，单击"新建柱层"，在图中出现 2.2～5.25 的柱层，复制。

第六步：识别"连梁表""门窗表"的方法同上。

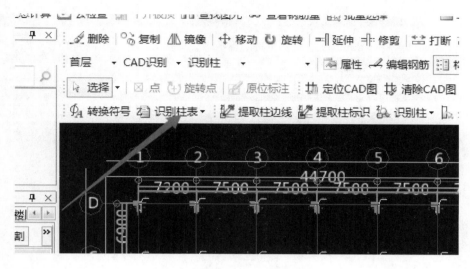

图 9-20　CAD 草图——识别柱表

	柱号	标高(m)	b*h(圆柱直	角筋	B边一侧中部	H边一侧中部	箍筋类型号	箍筋		
h								箍筋类型	h	箍角
								b b		
								b b b		
								b		
	柱号	标高	bXh	角筋	b边每侧l中	h边每侧l中	箍筋l类型	箍筋		
	KZ1	基顶~17.97	400X400	4C20	2C16	2C16	1(4X4)	C8@100/200		
	KZ2	基顶~17.97	400X400	4C20	2C16	2C16	1(4X4)	C8@100		
	KZ3	基顶~17.97	400X400	4C20	2C16	2C18	1(4X4)	C8@100/200		
	KZ4	基顶~17.97	500X500	4C20	2C18	2C18	1(4X4)	C8@100/200		
	KZ5	基顶~21.57	500X500	4C20	2C16	2C16	1(4X4)	C8@100/200		

批量替换　　删除行　　删除列　　确定　　取消

插入行　　插入列

提示：请在第一行的空白行中单击鼠标从下拉框中选择列对应关系

图 9-21　识别柱表

五、 柱的导入识别

第一步：在"CAD 草图"中导入 CAD 图，CAD 图中需包括可用于识别的柱（如果已经导入了 CAD 图则此步可省略）。

在"CAD 草图"中转换钢筋级别符号，识别柱表并重新定位 CAD 图。

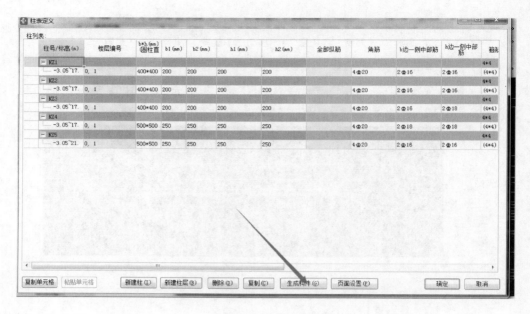

图 9-22 生成构件图

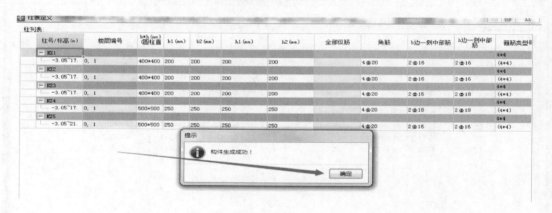

图 9-23 构件生成确定

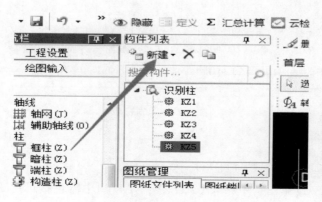

图 9-24 新建柱层

第二步：重新定位 CAD 图。

在导入进来的 CAD 柱图中，把鼠标移到柱图的 A 轴与 1 轴交点，单击左键，出现一根细白线，再移动鼠标至识别完轴网上的 A 轴与 1 轴交点，单击左键，柱图与轴网就重合在一起了，如图 9-25 所示。

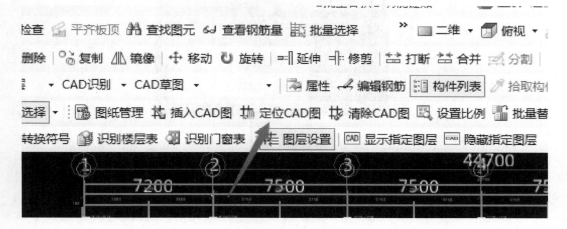

图 9-25　图层设置

第三步：点击导航栏"CAD 识别"中的"识别柱"，点击工具条"提取柱边线"，如图 9-26所示。

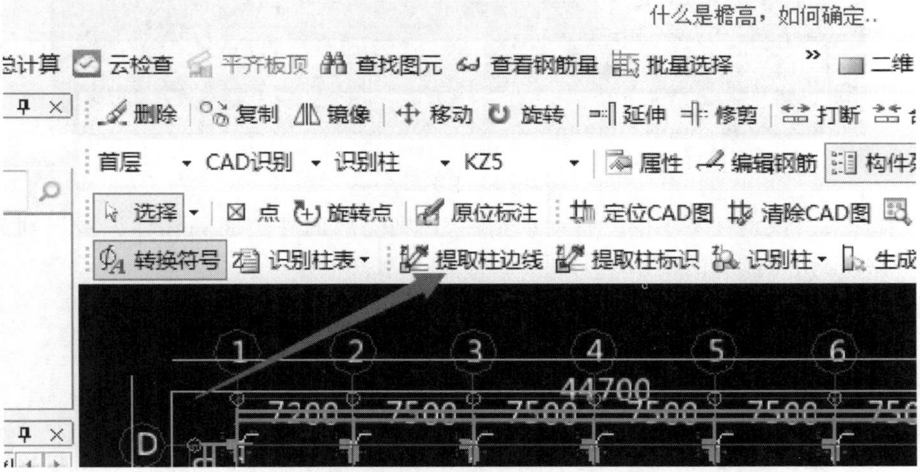

图 9-26　提取柱边线

第四步：单击"图层设置"按钮，利用"选择相同图层的 CAD 图元"（Ctrl＋左键）或"选择相同颜色的 CAD 图元"（Alt＋左键）的功能选中需要提取的柱 CAD 图元，（一定要单击上柱边线）此过程中也可以点选或框选需要提取的 CAD 图元，点击鼠标右键确认选择，则选择的 CAD 图元自动消失，并存放在"已提取的 CAD 图层"中，如图 9-27 所示。

第五步：点击绘图工具条"提取柱标识"；选择需要提取的柱标识 CAD 图元，点击鼠标，右键确认选择，如图 9-28 所示。

第六步：检查提取的柱边线和柱标识是否准确，如果有误还可以使用"画 CAD 线"和"还原错误提取的 CAD 图元"功能对已经提取的柱边线和柱标识进行修改。

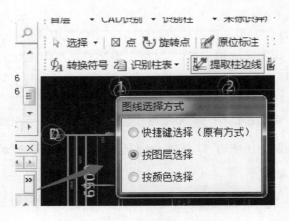

图 9-27　提取的 CAD 图层

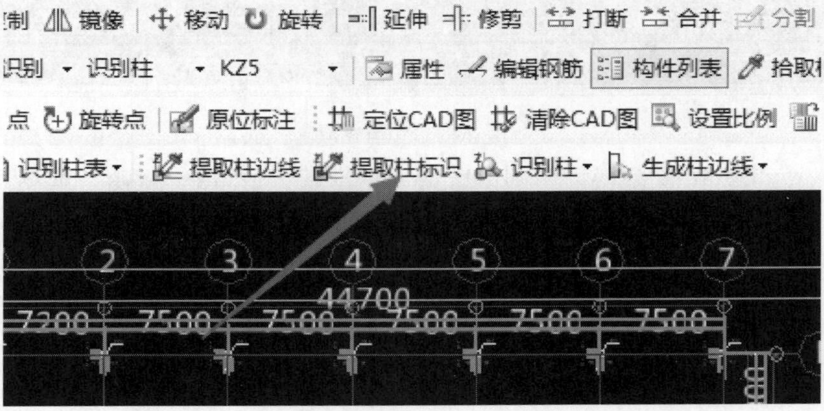

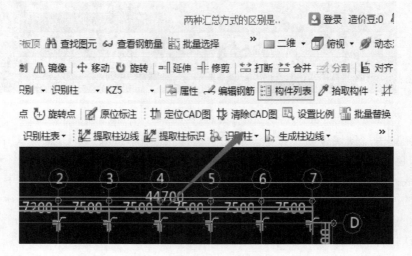

图 9-28　提取柱标识

　　点击工具条"识别柱"下的"自动识别柱"，则提取的柱边线和柱标识被识别为软件的柱构件，并弹出识别成功的提示，如图 9-29、图 9-30 所示。

图 9-29　识别柱（一）

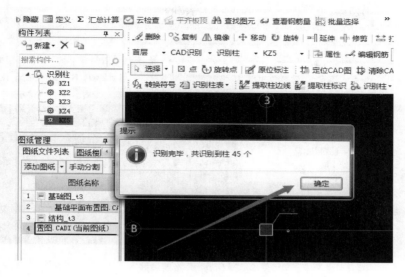

图 9-30　识别柱（二）

第七步：如果不重新定位 CAD 图，导入的构件图元有可能就会与轴线偏离；门窗表通常情况在建筑施工图总说明部分，柱表通常在柱平面图中，连梁表在剪力墙平面图中。

如果有的层柱子导不过来，如基础层的柱子、桩、承台都是一种颜色，没有柱子边线，就无法导入柱子，这时可以用复制的方法把首层的柱子复制到基础层来。

六、墙的导入识别

1. 提取墙边线

第一步：导入 CAD 图，CAD 图中需包括可用于识别的墙（如果已经导入了 CAD 图则此步可省略）。

第二步：点击导航栏"CAD 识别"下的"识别墙"，如图 9-31 所示。

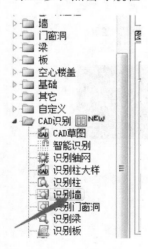

图 9-31　识别墙

第三步：点击工具条"提取砌体墙边线"，如图 9-32 所示。

第四步：利用"选择相同图层的 CAD 图元"或"选择相同颜色的 CAD 图元"的功能选中需要提取的墙边线 CAD 图元，点击鼠标右键确认选择。

2. 读取墙厚

第一步：点击绘图工具条"读取墙厚"，此时绘图区域只显示刚刚提取的墙边线。

第二步：按鼠标左键选择墙的两条边线，然后点击右键将弹出"创建墙构件"窗口，窗口中已经识别了墙的厚度，并默认了钢筋信息，只需要输入墙的名称，并修改钢筋信息等参数，点击确认则墙构件建立完毕，如图 9-33、图 9-34 所示。

第三步：重复第二步操作，读取其他厚度的墙构件。

3. 识别墙

第一步：点击工具条中的"识别"按钮，软件弹出确认窗口，提示"建议识别墙前先画好柱，此时识别出的墙的端头会自动延伸到柱内，是否继续"，

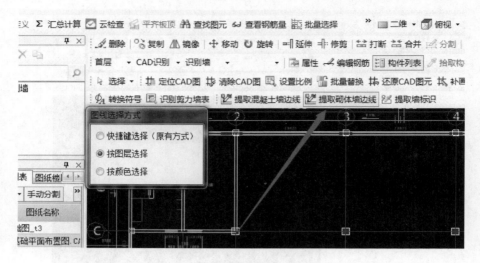

图 9-32　提取砌体墙边线

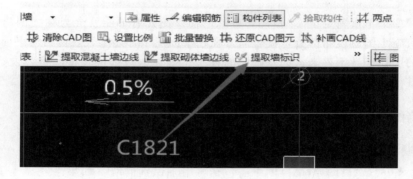

图 9-33　读取墙厚（一）

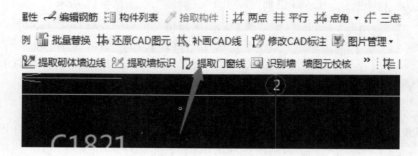

图 9-34　读取墙厚（二）

点击"是"即可，如图 9-35 所示。

第二步：点击"退出"，退出自动识别命令。

七、门窗的导入识别

1. 提取门窗标识

第一步：在 CAD 草图中导入 CAD 图，CAD 图中需包括可用于识别的门窗，识别门窗

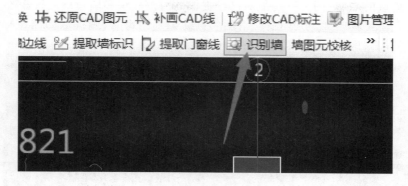

图 9-35　识别墙

表（如果已经导入了 CAD 图则此步可省略）。

第二步：点击导航栏"CAD 识别"下的"识别门窗洞"。

第三步：点击工具条中的"提取门窗标识"。

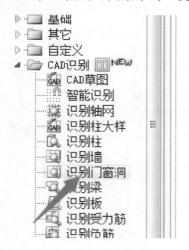

图 9-36　识别门窗洞

第四步：利用"选择相同图层的 CAD 图元"或"选择相同颜色的 CAD 图元"功能选中需要提取的门窗标识 CAD 图元，点击鼠标右键确认选择，如图 9-36 所示。

2. 提取墙边线

第一步：点击绘图工具条"提取砌体墙边线"。

第二步：利用"选择相同图层的 CAD 图元"或"选择相同颜色的 CAD 图元"功能选中需要提取的墙边线 CAD 图元，点击鼠标右键确认选择，如图 9-37 所示。

3. 自动识别门窗

第一步：点击"设置 CAD 图层显示状态"或按"F7"键打开"设置 CAD 图层显示状态"窗

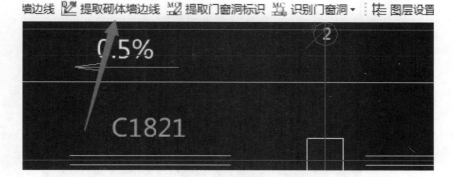

图 9-37　提取相同颜色的砌体墙边线

口，将已提取的 CAD 图层中门窗标识、墙边线显示出来，将 CAD 原始图层隐藏。

第二步：检查提取的门窗标识和墙边线是否准确，如果有误还可以使用"画 CAD 线"

和"还原错误提取的 CAD 图元"功能对已经提取的门窗标识和墙边线进行修改。

第三步：点击工具条"识别门窗"下的"自动识别门窗"，则提取的门窗标识和墙边线被识别为软件的门窗构件，并弹出识别成功的提示，如图 9-38 所示。

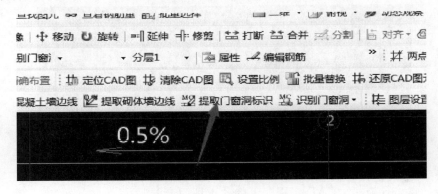

图 9-38　自动识别门窗标识

在识别门窗之前一定要确认已经绘制了墙并建立了门窗构件（提取 CAD 图中的门窗洞）。

八、梁的导入识别

1. 提取梁边线

第一步：在 CAD 草图中导入 CAD 图，CAD 图中需包括可用于识别的梁（如果已经导入了 CAD 图则此步可省略）。

第二步：点击导航栏中的"CAD 识别"下的"识别梁"，如图 9-39 所示。

第三步：点击工具条"提取梁边线"，如图 9-40所示。

第四步：利用"选择相同图层的 CAD 图元"或"选择相同颜色的 CAD 图元"功能选中需要提取的梁边线 CAD 图元。

图 9-39　识别梁

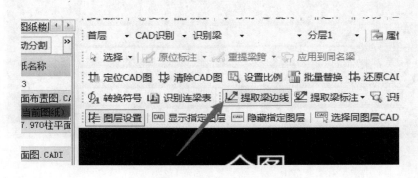

图 9-40　提取梁边线

2. 自动提取梁标注

第一步：点击工具条中的"提取梁标注"下的"自动提取梁标注"。

第二步：利用"选择相同图层的 CAD 图元"或"选择相同颜色的 CAD 图元"的功能选中需要提取的梁标注 CAD 图元，包括集中标注和原位标注；也可以利用"提取梁集中标注"和"提取梁原位标注"分别进行提取，如图 9-41 所示。

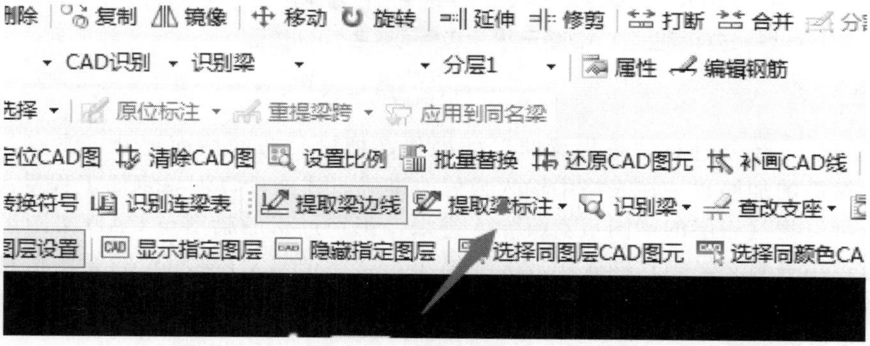

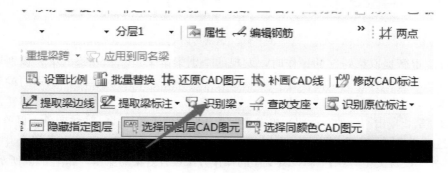

图 9-41　提取梁标注

3. 自动识别梁

第一步：点击工具条中的"识别梁"按钮选择"自动识别梁"即可自动识别梁构件（建议识别梁之前先画好柱构件，这样识别梁跨更为准确），如图 9-42 所示。

图 9-42　识别梁

4. 识别原位标注

第一步：点击工具条中的"识别原位标注"按钮，选择"单构件识别梁原位标注"。

第二步：鼠标左键选择需要识别的梁，右键确认即可识别梁的原位标注信息，依此类推则可以识别其他梁的原位标注信息，如图 9-43 所示。

在导入梁时，有的层的梁没有完全导入过来，没有导入过来的梁，可用定义梁的方法，按照 CAD 图上的标注梁的编号、尺寸、配筋，重新定义，然后就在这张电子版图纸（梁是灰蓝的就是没识别过的）所标注的位置画上即可。

在导入梁时，有的梁没有完全导入到位，也就说还差一点到头。

解决的方法是：单击"延伸"按钮，单击要把梁延伸到位置的轴线，轴线变色，再单击要"延伸的梁"，这时这根梁就延伸到位了。用同样的方法把所有没完全导入到位的梁全部画好。

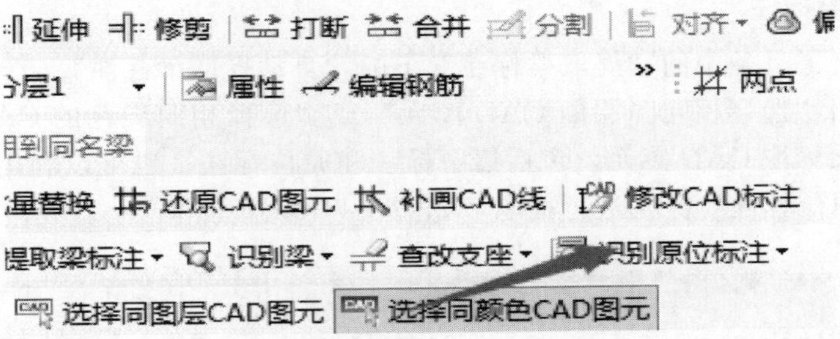

图 9-43   识别原位标注

识别完梁后，还要进行"重提梁跨"的操作，把梁每跨的截面尺寸、支座、上部、下部、吊筋、箍筋的加筋逐一在表格中输入或修改准确，才能计算汇总钢筋工程量。这时如果没有蓝图，可以把这一层的梁图重新再导入进来，识别过来的梁图与 CAD 梁图虽然相距一段距离，可不用去管它，把这两张图放大或缩小，就能把 CAD 梁图中的梁的信息记住，输入"重提梁跨"中的表格里去，如图 9-44 所示。

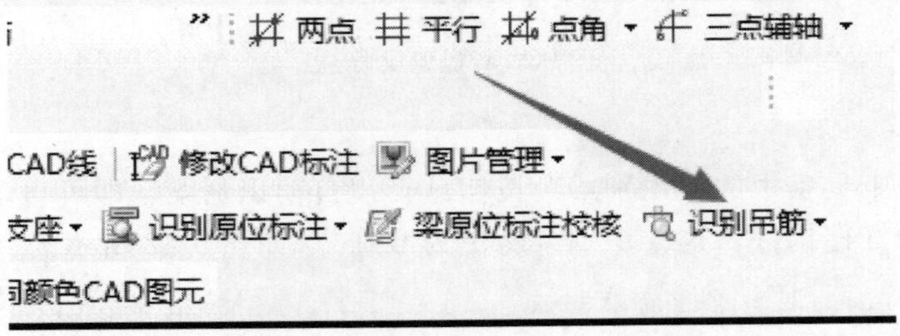

图 9-44   识别吊筋

在进行"重新提取梁跨"的操作时，发现的个别梁本来是二、三跨的梁，识别后变成单跨梁了。这就需要"合并"梁的操作，但是"合并"不了。检查时发现，识别的梁表面上看是连成一体了，实际上却是没连起来。

解决的办法：单击"延伸"按钮，单击要把梁延伸到位置的轴线，轴线变色，再单击要"延伸的梁"，这时这根梁就延伸到位了。再按"合并"梁的操作，把二、三跨的单梁合并成一根梁然后，再选择"设置支座"，用重新设置支座的操作方法设置好梁的支座，如图 9-45 所示。

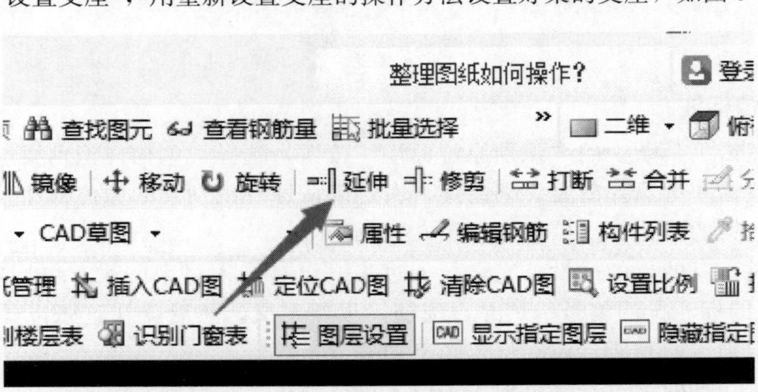

图 9-45   延伸

识别梁后发现有的梁长度不够，即梁不完整。如有一根梁 TL1 = 3000mm，识别后才 1200mm。

解决的办法是：首先把"CAD识别"转入到"梁"的界面。按照施工图纸标注的"梁的信息"定义好梁，然后在画图界面上选择这根梁。

单击"点加长度"按钮，单击这根梁的中间轴线交点，移动鼠标向上或向下的一个轴线"交点"然后单击，这时有一段梁就画上了，并同时弹出了"点加长度设置"对话框，在"长度"栏可以输入这根梁从"中间轴线交点"到"上一交点"的长度值，在"反向延伸长度"栏输入梁长3000减去上一段梁的长度值，如图9-46所示。

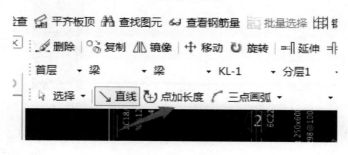

图9-46 长度设置

如果此梁还是偏轴的，可勾选"轴线距左边距离"，并在右边栏里填入"轴线距左边距离"的偏移值，单击"确定"，这样识别不完整的TL1梁就画好了。

九、 画板筋

由于软件在识别板的受力筋与负筋时，速度比较慢，还不如直接"画筋"快，因此，可采取先画板后画筋的方法。

当软件识别完梁后，把这层梁图转换成要画板的图，方法是，单击"导航栏"中的"板"，选择"现浇板"，点"定义"按钮，如图9-47、图9-48所示。

图9-47 现浇板

单击"CAD草图"，单击导入"CAD图"按钮，选择二层板配筋，当打开后，先看布板情况，即在那个轴线分块及板的厚度，然后就定义"板"，定义后就按照图纸的标注把这一层的板全部画上。

这张CAD板的配筋图，在完成画板任务后，就再看配筋情况，包括受力筋和负筋。这两种配筋，一是要看在哪块板上，二是要看配筋的型号及间距。当定义这两种钢筋时，最好是从这一层的左上开始，一块板、一条梁地定义，一个轴距一个轴距地定义，然后就一块板、一条梁、一个轴距地布筋。

最好是对照现有蓝图定义板、受力筋和负筋。也可在识别板的受力筋和负筋之前，为了更快地进行识别，可以按照图纸的标注，先定义"板"，然后把板布置上，再从板上识别钢筋。这样就比重新定义钢筋，再一根一根地去画快多了。从板上识别受力筋和负筋的方法就按照下面的步骤进行。

十、 受力钢筋的导入识别

1. 提取钢筋线

第一步：点击导航栏"CAD识别"下的"识别受力筋"，如图9-49所示。

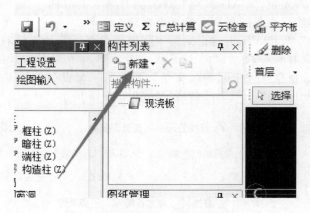

图 9-48　板配筋

第二步：点击工具条"提取板钢筋线"，如图 9-50所示。

第三步：利用"选择相同图层的 CAD 图元"或"选择相同颜色的 CAD 图元"的功能选中需要提取的任意一根受力钢筋线 CAD 图元，这时这一层的所有受力筋变"蓝"，点击鼠标右键确认选择，这一层的所有受力筋变"无"。

2. 提取钢筋标注

第一步：点击工具条"提取板钢筋标注"，如图 9-51所示。

第二步：利用"选择相同图层的 CAD 图元"或"选择相同颜色的 CAD 图元"的功能选中需要提取的任意一根钢筋标注 CAD 图元，如 $\phi10@130$，所有受力筋变蓝，

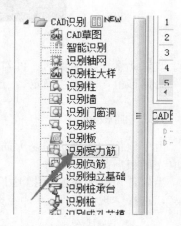

图 9-49　导航栏

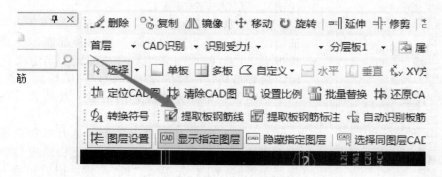

图 9-50　工具条——提取板钢筋线

点击鼠标右键确认选择，这一层的所有受力筋标注变"无"。

3. 识别受力钢筋

"识别受力筋"功能可以将提取的钢筋线和钢筋标注识别为受力筋，其操作前提是已经提取了钢筋线和钢筋标注，并完成了绘制板的操作。

操作方法如下。

点击工具条上的"识别受力筋"按钮，弹出"受力筋信息"窗口，这时工具栏中的"单

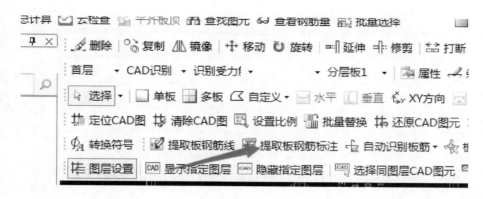

图 9-51 提取板钢筋标注

板"和"水平"或"垂直"按钮是打开可用的，可单击第一块板中的"水平"或"垂直"的"受力筋"，这时此根受力筋变"蓝"并同时把"受力筋信息"自动输入到弹出"受力筋信息"窗口，如果施工电子版图没有标注"受力筋"的信息，就根据蓝图的标注和说明，把受力筋的信息输入到"受力筋信息"栏，单击"确定"。弹出"受力筋信息"窗口变白不可用了。

再单击这块板中的"水平"或"垂直"受力筋，这根受力筋变"黄"，这样这一根受力筋就识别完了，如图 9-52 所示。

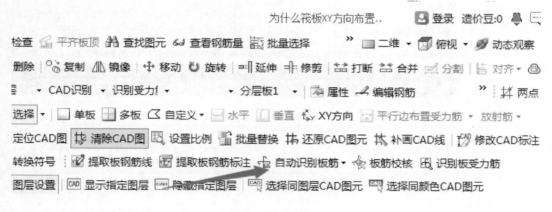

图 9-52 自动识别板筋

识别完第一块板的第一根受力筋后，再单击第二根受力筋，用上述方法依次可识别其他板的受力筋。

十一、 板负筋的导入识别

1. 提取钢筋线

第一步：在 CAD 草图中导入 CAD 图，CAD 图中需包括可用于识别的板负筋（如果已经导入了 CAD 图则此步可省略）。

第二步：点击导航栏"CAD 识别"下的"识别负筋"，如图 9-53 所示。

第三步：点击工具条中的"提取板钢筋线"，如图 9-54 所示。

第四步：利用"选择相同图层的 CAD 图元"或"选择相同颜色的 CAD 图元"的功能选中需要提取的任意一根负筋，右键确认，所有负筋变无，如图 9-55 所示。

第五步：点击工具条中的"提取板钢筋标注"，如图 9-56 所示。

第六步：选择需要提取的钢筋标注 CAD 图元，如
负筋标注，$\phi10@130$，右键确认，所有负筋标注
变无。

第七步：点击工具条上的"识别负筋"按钮，弹
出"负筋信息"窗口，这时可从左边第一块板"单击"
第一根"负筋"，这根负筋变蓝，并把这根负筋的标注
信息自动输入"负筋信息"窗口中的有关表格里。如
果表格中的左、右标注数值需要修改，可以按照施工
图纸的说明和负筋的标注进行"修改"，修改后，可单
击"确定"按钮，如图 9-57 所示。

这时"负筋"的四种布置方法"按梁布置、按墙布
置、按板边布置、画线布置"可任选一种，我们选择
"画线布置"。用画线布置的方法，单击这根负筋布置的
第一点后，移动鼠标至第二点，这样第一根"负筋"变
黄，就说明这根负筋被识别了，如图 9-58 所示。

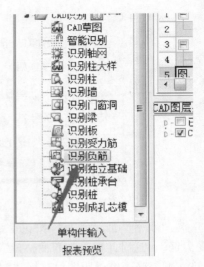

图 9-53　导航栏

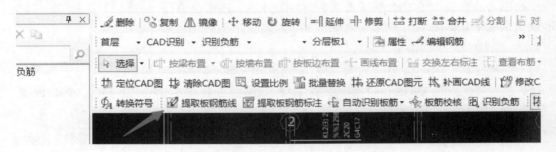

图 9-54　提取板钢筋线

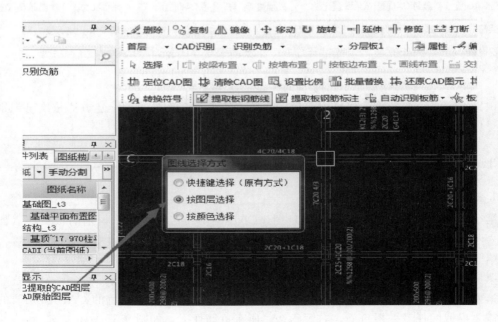

图 9-55　图层选择

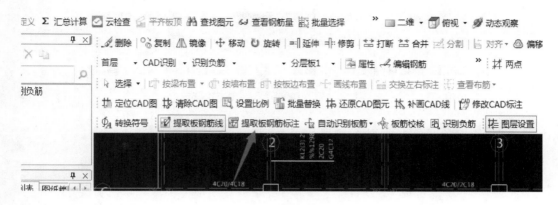

图 9-56 工具条——提取板钢筋标注

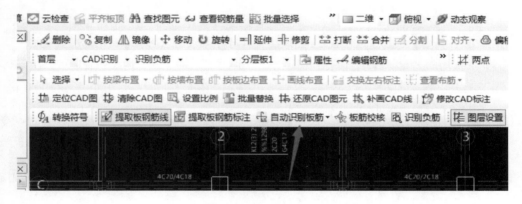

图 9-57 自动识别板筋

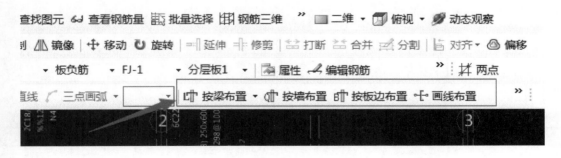

图 9-58 按梁布置

识别完第一根负筋后，可单击第二根负筋，用上述方法依次可识别其他板的负筋。CAD 图形导入软件后的拆分的详细步骤如下。

第一步：选择上要拆分的混凝土构件，如一根梁。

第二步：单击"打断"按钮，再单击要打断的位置，这时会弹出"是否在指定的位置打断"布面，单击"是"，单击右键确认，如图 9-59 所示。

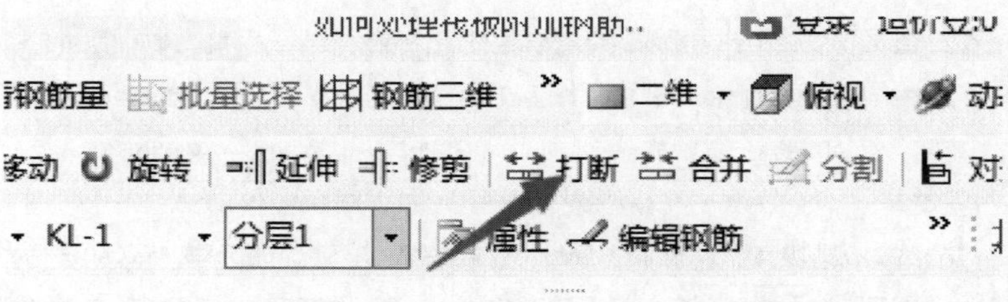

如何处理找钢附加钢筋·· 查看 造价查询

钢筋量 批量选择 钢筋三维 二维 俯视 动

移动 旋转 延伸 修剪 打断 合并 分割 对

KL-1 分层1 属性 编辑钢筋

图 9-59 打断梁

第十章 ▶▶
广联达钢筋算量软件实操

钢筋算量软件概述

一、 钢筋算量软件的作用

GTJ2018 软件综合考虑了平法系列图集、结构设计规范、施工验收规范以及常见的钢筋施工工艺，能够满足不同的钢筋的计算要求。不仅能够完整地计算工程的钢筋总量，而且能够根据工程要求按照结构类型的不同、楼层的不同、构件的不同，计算出各自的钢筋明细量。

GTJ2018 产品通过画图的方式，快速建立建筑物的计算模型，软件根据内置的平法图集和规范实现自动扣减，准确算量。

二、 钢筋算量软件的应用流程

钢筋算量软件的应用流程如图 10-1 所示。

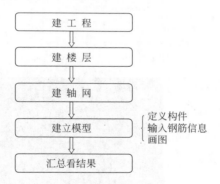

图 10-1 钢筋算量软件的应用流程

第二节 钢筋算量软件实操

一、 新建工程

第一步：输入"工程名称"，如图 10-2 所示。

钢筋新建过程及轴网第一集	钢筋新建过程及轴网第二集

扫码观看本视频	扫码观看本视频

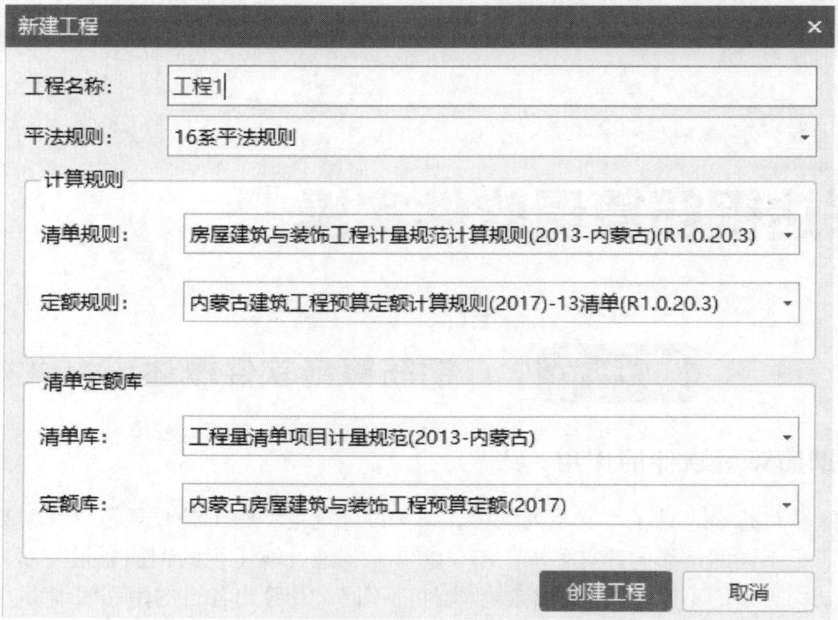

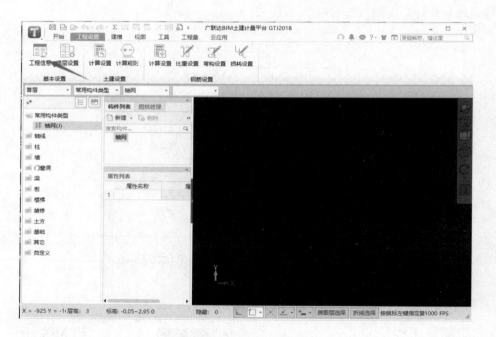

图 10-2　输入"工程名称"

第二步：打开"工程信息"，如图 10-3 所示。

图 10-3　打开"工程信息"

第三步：根据图纸，填入"工程信息""结构形式""设防烈度及檐高"，如图 10-4 所示。

第四步：填写"计算规则"，如图 10-5 所示。

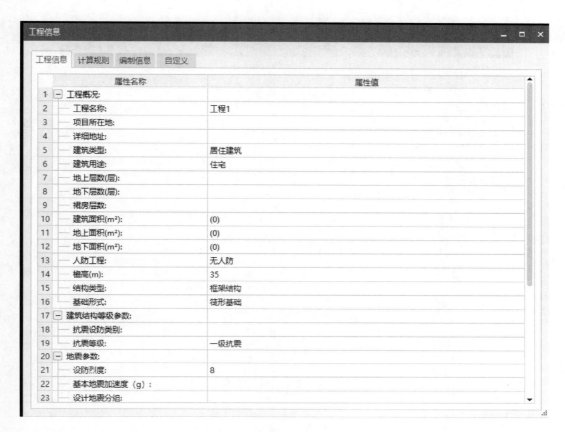

工程信息

工程信息 | 计算规则 | 编制信息 | 自定义

	属性名称	属性值
1	工程概况:	
2	工程名称:	工程1
3	项目所在地:	
4	详细地址:	
5	建筑类型:	居住建筑
6	建筑用途:	住宅
7	地上层数(层):	
8	地下层数(层):	
9	裙房层数:	
10	建筑面积(m²):	(0)
11	地上面积(m²):	(0)
12	地下面积(m²):	(0)
13	人防工程:	无人防
14	檐高(m):	35
15	结构类型:	框架结构
16	基础形式:	筏形基础
17	建筑结构等级参数:	
18	抗震设防类别:	
19	抗震等级:	一级抗震
20	地震参数:	
21	设防烈度:	8
22	基本地震加速度（g）：	
23	设计地震分组:	

图 10-4　填写“工程信息”

工程信息

工程信息 | 计算规则 | 编制信息 | 自定义

	属性名称	属性值
1	清单规则:	房屋建筑与装饰工程计量规范计算规则(2013-内蒙古)(R1.0.20.3)
2	定额规则:	内蒙古建筑工程预算定额计算规则(2017)-13清单(R1.0.20.3)
3	平法规则:	16系平法规则
4	清单库:	工程量清单项目计量规范(2013-内蒙古)
5	定额库:	内蒙古房屋建筑与装饰工程预算定额(2017)
6	钢筋损耗:	不计算损耗
7	钢筋报表:	全统(2000)
8	钢筋汇总方式:	按照钢筋图示尺寸-即外皮汇总

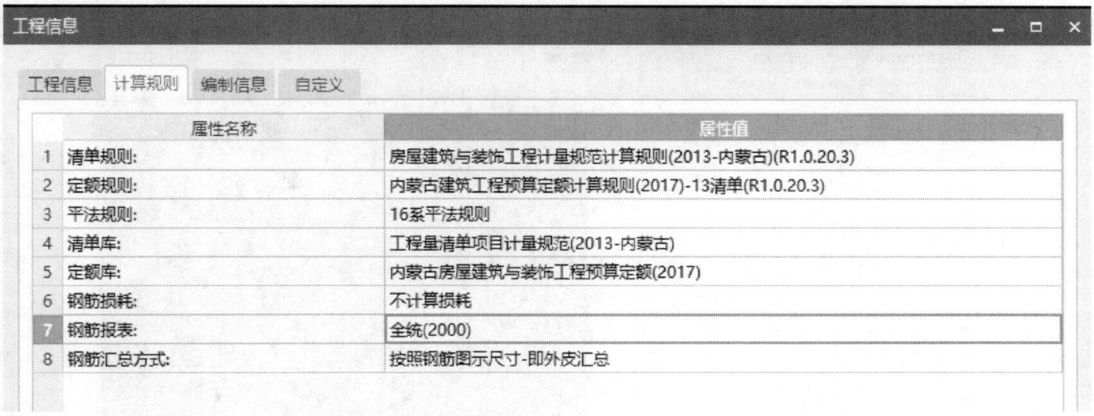

图 10-5　填写“计算规则”

第五步：填写“编制信息”，如图 10-6 所示。

二、 计算设置

第一步：打开“计算设置”，如图 10-7 所示。
第二步：填写“计算规则”，如图 10-8 所示。
第三步：填写“搭接设置”，如图 10-9 所示。

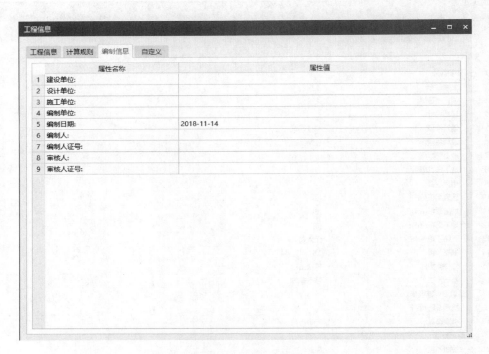

图 10-6 填写"编制信息"

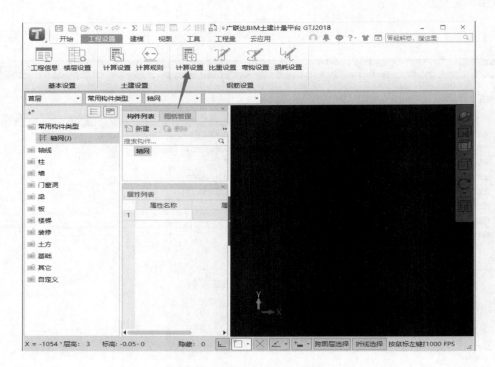

图 10-7 打开"计算设置"

图 10-8 填写"计算规则"

图 10-9 填写"搭接设置"

三、 新建楼层

1. 楼层设置部分

第一步：打开"楼层设置"，见图 10-10。

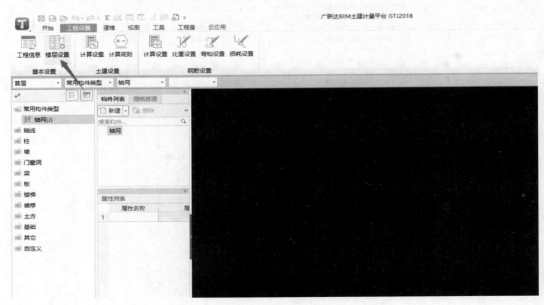

图 10-10　打开"楼层设置"

第二步：各楼层缺省钢筋设置（混凝土标号、钢筋锚固、搭接、各构件保护层），如图 10-11所示。

楼层混凝土强度和锚固搭接设置（工程1 首层，-0.05 ~ 2.95 m）

| | 抗震等级 | 混凝土强度等级 | 混凝土类型 | 砂浆标号 | 砂浆类型 | 锚固 |||||| 搭接 |||||| 保护层 |
						HPB235(A)	HRB335(B)	HRB400(C)	HRB500(E)	冷轧带肋	冷轧扭	HPB235(A)	HRB335(B)	HRB400(C)	HRB500(E)	冷轧带肋	冷轧扭	
垫层	(非抗震)	C20	普通砼(明	M5	水泥砂浆…	(39)	(38/42)	(40/44)	(48/53)	(45)	(45)	(55)	(53/59)	(56/62)	(67/74)	(63)	(63)	(25)
基础	(一级抗震)	C20	普通砼(明	M5	水泥砂浆…	(45)	(44/48)	(46/51)	(55/61)	(52)	(45)	(63)	(62/67)	(64/71)	(77/85)	(73)	(63)	(45)
基础梁/承台梁	(一级抗震)	C20	普通砼(明			(45)	(44/48)	(46/51)	(55/61)	(52)	(45)	(63)	(62/67)	(64/71)	(77/85)	(73)	(63)	(45)
柱	(一级抗震)	C20	普通砼(明	M5	水泥砂浆…	(45)	(44/48)	(46/51)	(55/61)	(52)	(45)	(63)	(62/67)	(64/71)	(77/85)	(73)	(63)	(25)
剪力墙	(一级抗震)	C20	普通砼(明			(45)	(44/48)	(46/51)	(55/61)	(52)	(45)	(54)	(53/58)	(55/61)	(66/73)	(62)	(54)	(20)
人防门框墙	(一级抗震)	C20	普通砼(明…			(45)	(44/48)	(46/51)	(55/61)	(52)	(45)	(63)	(62/67)	(64/71)	(77/85)	(73)	(63)	(25)
墙柱	(一级抗震)	C20	普通砼(明			(45)	(44/48)	(46/51)	(55/61)	(52)	(45)	(63)	(62/67)	(64/71)	(77/85)	(73)	(63)	(25)
墙梁	(一级抗震)	C20	普通砼(明			(45)	(44/48)	(46/51)	(55/61)	(52)	(45)	(63)	(62/67)	(64/71)	(77/85)	(73)	(63)	(25)
框架梁	(非抗震)	C20	普通砼(明			(39)	(38/42)	(40/44)	(48/53)	(45)	(45)	(55)	(53/59)	(56/62)	(67/74)	(63)	(63)	(25)
现浇板	(非抗震)	C20	普通砼(明			(39)	(38/42)	(40/44)	(48/53)	(45)	(45)	(55)	(53/59)	(56/62)	(67/74)	(63)	(63)	(20)
楼梯	(非抗震)	C20	普通砼(明			(39)	(38/42)	(40/44)	(48/53)	(45)	(45)	(55)	(53/59)	(56/62)	(67/74)	(63)	(63)	(20)
构造柱	(一级抗震)	C20	普通砼(明			(45)	(44/48)	(46/51)	(55/61)	(52)	(45)	(63)	(62/67)	(64/71)	(77/85)	(73)	(63)	(25)
圈梁/过梁	(一级抗震)	C20	普通砼(明			(45)	(44/48)	(46/51)	(55/61)	(52)	(45)	(63)	(62/67)	(64/71)	(77/85)	(73)	(63)	(25)
砌体墙柱	(非抗震)	C15	泵送普通砼…	M5	水泥砂浆…	(39)	(38/42)	(40/44)	(48/53)	(45)	(45)	(55)	(53/59)	(56/62)	(67/74)	(63)	(63)	(25)
其它	(非抗震)	C20	普通砼(明	M5	水泥砂浆…	(39)	(38/42)	(40/44)	(48/53)	(45)	(45)	(55)	(53/59)	(56/62)	(67/74)	(63)	(63)	(25)

图 10-11　填写钢筋内容

第三步：插入楼层，如图 10-12 所示。

第四步：层高、首层标记、底标高，如图 10-13 所示。

第五步：复制到其他楼层（抗震等级、混凝土标号、锚固、搭接、保护层厚度），如图 10-14所示。

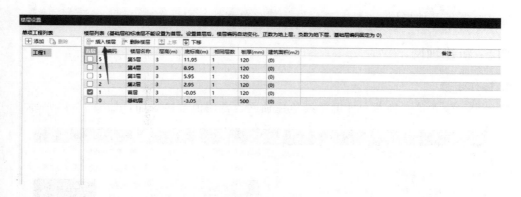

图 10-12　插入楼层

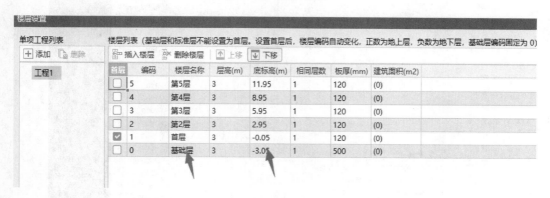

图 10-13　层高、首层标记、底标高

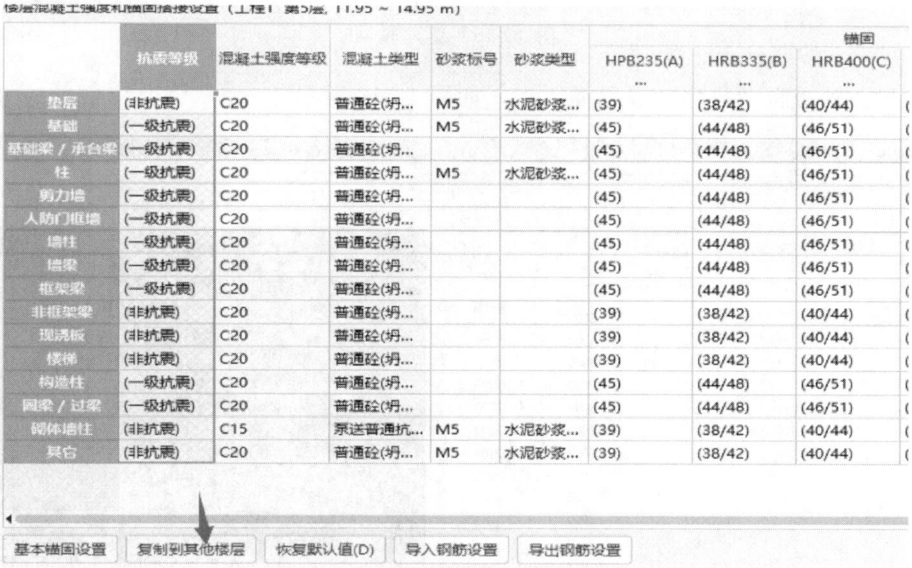

图 10-14　复制到其他楼层（抗震等级、混凝土标号、锚固、搭接、保护层厚度）

2. 小结

（1）插入楼层，调整层高。

（2）底标高：首层结构底标高，调整各楼层混凝土标号、锚固、搭接、保护层厚度。

（3）复制到其他楼层。

四、 新建轴网

1. 操作步骤

第一步：建立正交轴网、辅助轴线、建轴网、常用值直接添加，如图 10-15 所示。

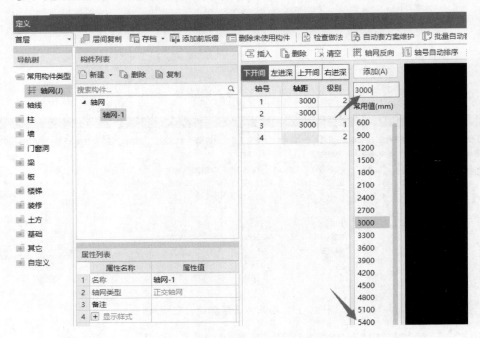

图 10-15　新建轴网

第二步：轴号自动排序、设置插入点，如图 10-16 所示。

图 10-16　轴号自动排序、设置插入点

第三步：修改"轴号""轴距"，如图 10-17 所示。
第四步：读取、存盘，如图 10-18 所示。
第五步：辅助轴线（两点、平行、三点辅轴，删除辅轴），如图 10-19 所示。

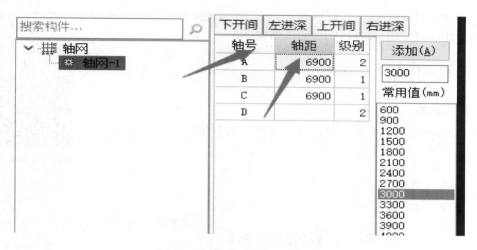

图 10-17 修改"轴号""轴距"

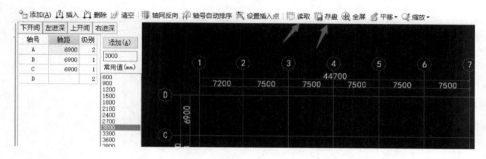

图 10-18 读取、存盘

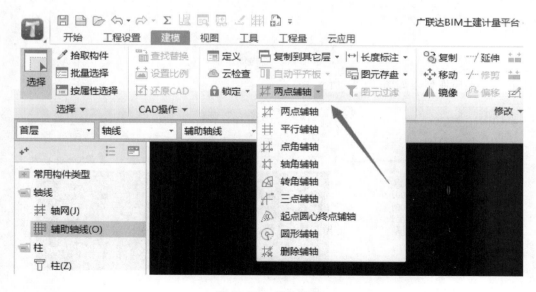

图 10-19 辅助轴线

2. 小结

（1）输入轴距的方法，常用值直接添加。

（2）轴号自动生成；设置插入点；修改"轴号""轴距"。

（3）辅轴：两点、平行、圆形。

（4）在任何界面下都可以添加辅助轴线。

五、 柱构件建立及绘制

框架柱

扫码观看本视频

1. 操作步骤

第一步：柱绘制，属性编辑，黑色字体为私有属性，蓝色字体为公有属性，如图 10-20 所示。

属性编辑

	属性名称	属性值	附加
1	名称	KZ1	
2	类别	框架柱	☐
3	截面编辑	否	
4	截面宽(B边)(mm)	400	☑
5	截面高(H边)(mm)	400	☑
6	全部纵筋		☐
7	角筋	4Φ20	☐
8	B边一侧中部筋	2Φ16	☐
9	H边一侧中部筋	2Φ16	☐
10	箍筋	Φ8@100/200	☐
11	肢数	4*4	
12	柱类型	(中柱)	☐
13	其它箍筋		
14	备注		☐
15	⊞ 芯柱		
20	⊞ 其它属性		
33	⊞ 锚固搭接		
48	⊞ 显示样式		

图 10-20　柱构件属性

第二步：构件列表如图 10-21 所示。

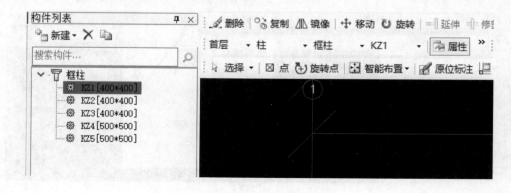

图 10-21　构件列表

第三步：偏心柱点的设置，Ctrl＋左键，如图 10-22 所示。

第四步：不在轴线交点处的柱的设置，Shift＋左键，如图 10-23 所示。

第五步：打开"建模"，删除、复制、镜像、移动、旋转方法如图 10-24 所示。

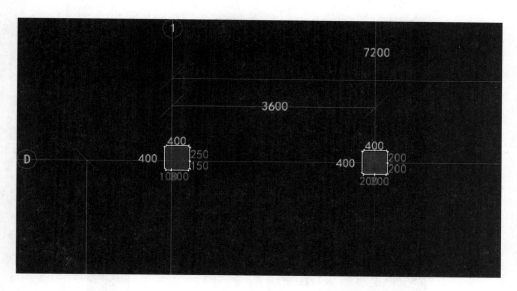

图 10-22 偏心柱

图 10-23 轴线柱

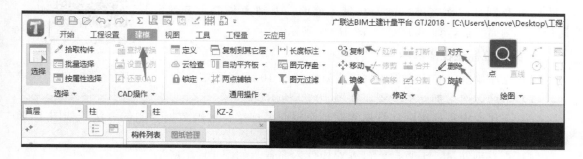

图 10-24 删除、复制、镜像、移动、旋转方法

第六步：修改构件图元名称，可在属性中修改，如图 10-25 所示。

2. 小结

（1）柱的定义类别、截面信息、纵筋信息、箍筋信息。

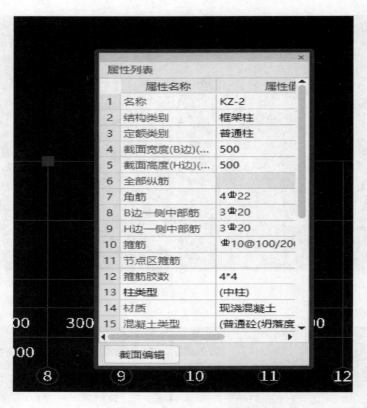

图 10-25　修改构件图元名称

（2）画柱（点画、旋转）、偏心柱[（Ctrl＋左键）或 Shift＋左键（不在轴线交点处的柱）]和镜像（中点捕捉），可修改构件图元名称。

六、 梁构件的建立及绘制

框架梁

扫码观看本视频

1. 绘制

建立类别、截面宽度、截面高度、箍筋、上部通长筋、下部通长筋、侧面纵筋，如图 10-26、图 10-27 所示。

2. 梁原位标注在建模中

（1）支座钢筋，在下面编辑框中设置，如图 10-28 所示。

（2）吊筋、次梁加筋的设置，如图 10-29 所示。

（3）在建模中重提梁跨、数据复制、应用同名称梁、梁跨数据复制的方法，如图 10-30 所示。

（4）查看钢筋量：汇总后，可查看构件钢筋量，如图 10-31 所示。

3. 小结

（1）集中标注信息。

（2）绘制直线、Shift＋左键。

（3）原位标注：原位标注信息，重新提取梁跨，梁跨数据复制，应用同名称梁。

（4）查看钢筋量：查看钢筋量、编辑钢筋。

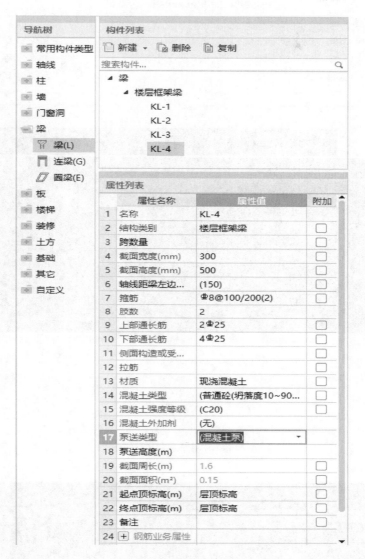

图 10-26　梁构件的建立

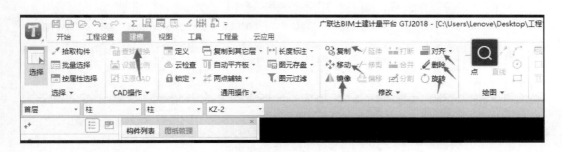

图 10-27　复制、移动、对齐等操作

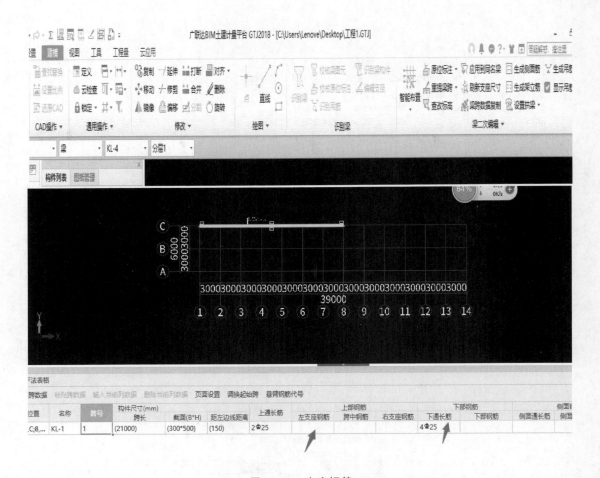

图 10-28　支座钢筋

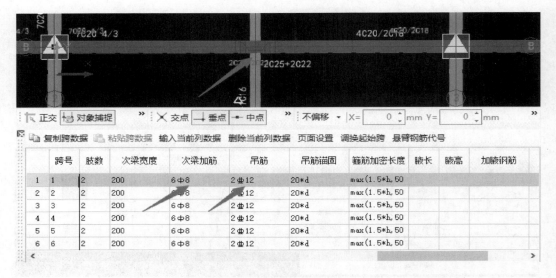

图 10-29　梁构件加筋

图 10-30　重提梁跨

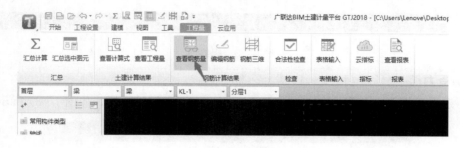

图 10-31　构件钢筋量

七、 板及板钢筋构件建立及绘制

1. 现浇板

（1）定义：厚度、顶标高属性的设置，如图 10-32 所示。

图 10-32　现浇板

（2）绘制：点、直线、智能布置的方法，如图 10-33 所示。

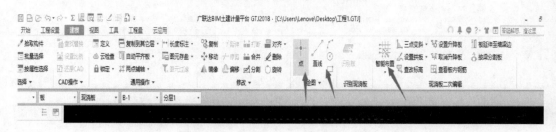

图 10-33　板绘制

2. 板受力筋

（1）定义：板受力筋属性中钢筋信息、类别、左右弯折的设置，如图 10-34 所示。

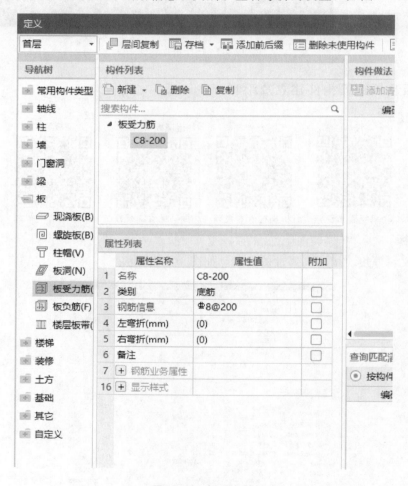

图 10-34　板受力筋

（2）绘制：建模中布置受力筋的单板、XY 方向的设置，如图 10-35 所示。

（3）建模中应用到同名称板的设置方法如图 10-36 所示。

3. 跨板受力筋

（1）定义：跨板受力筋属性中钢筋信息、左右标注、标注长度位置、左右弯折的设置如图 10-37 所示。

图 10-35 单板、XY 方向

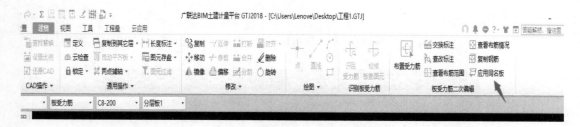

图 10-36 应用到同名称板

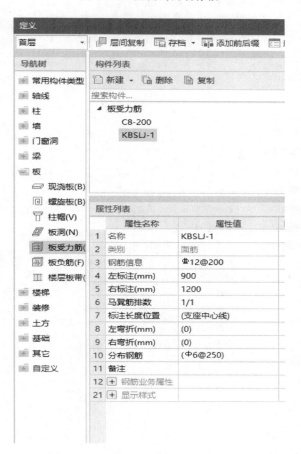

图 10-37 跨板受力筋

（2）绘制：建模中布置受力筋单板、水平、垂直的方法，如图 10-38 所示。

图 10-38　绘制

4. 板负筋

（1）定义：板负筋属性中钢筋信息、左右标注、左右弯折的设置，如图 10-39 所示。

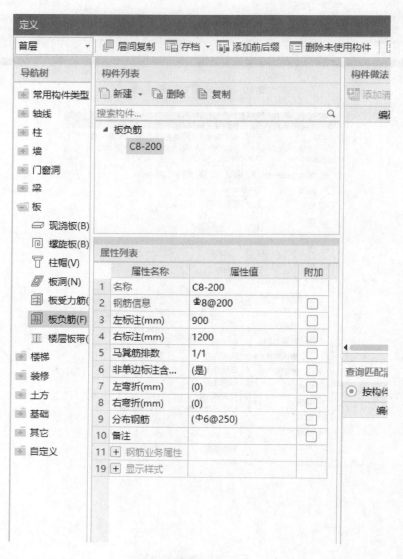

图 10-39　板负筋定义

（2）绘制：按梁布置、按墙布置、按板边布置的方法，如图 10-40 所示。

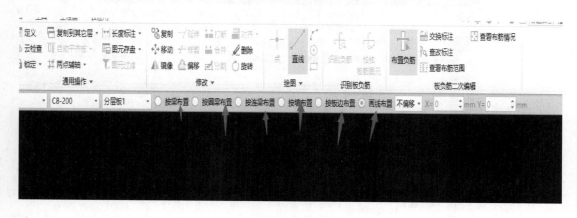

图 10-40　绘制

（3）交换左右标注、查改标注、查看布筋范围、识别板负筋的方法，如图 10-41 所示。

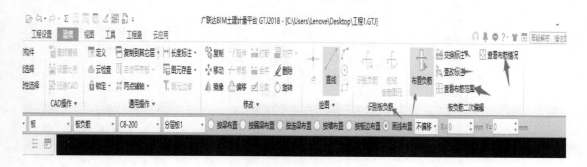

图 10-41　标注

5. 小结

（1）板：点布置。

（2）板受力筋：单板、XY 方向布置。

（3）跨板受力筋：单板、水平、垂直布置。

（4）板负筋：按梁、墙布置、交换左右标注。

（5）应用同名称板。

八、 砌体构件建立及绘制

1. 砌体

（1）定义：砌体墙属性的设置。如图 10-42 所示。

（2）绘制：直线布置，如图 10-43 所示。

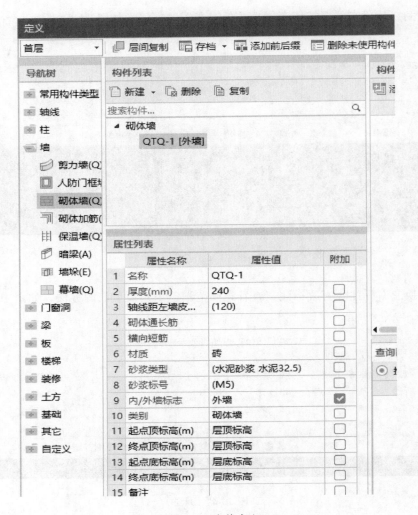

图 10-42　砌体定义

图 10-43　绘制直线布置

2. 砌体加筋

（1）砌体加筋属性的设置。如图 10-44 所示。

（2）绘制：点、生成砌体加筋的方法，如图 10-45 所示。

3. 门窗洞口

（1）定义：门属性中洞口高度、洞口宽度、离地高度的设置，如图 10-46 所示。

墙及门窗

扫码观看视频

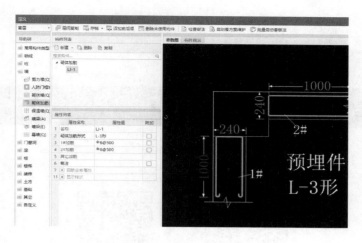

图 10-44　定义砌体加筋

图 10-45　绘制点、生成砌体加筋

图 10-46　门窗洞口定义

（2）绘制：点、智能布置的方法，如图 10-47 所示。

图 10-47　门窗洞口绘制中的绘制点、智能布置

过梁及构造柱第一集　扫码观看视频　　过梁及构造柱第二集　扫码观看视频

4. 过梁

（1）定义：过梁属性中纵筋、箍筋的设置，如图 10-48 所示。

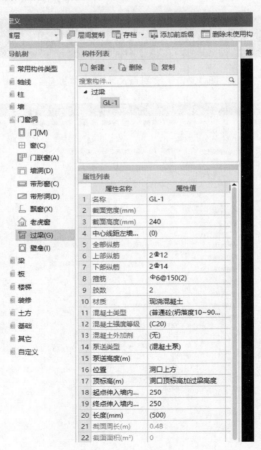

图 10-48　过梁定义

（2）绘制：点、智能布置的方法，如图 10-49 所示。

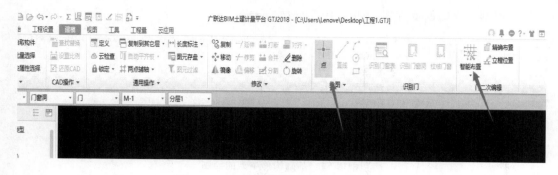

图 10-49　过梁绘制中绘制点、智能布置

5. 构造柱

（1）定义：构造柱属性中截面、纵筋、箍筋的设置，如图 10-50 所示。

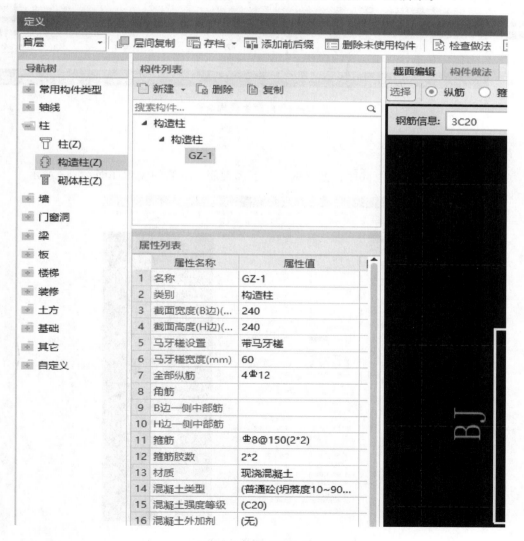

图 10-50　构造柱的定义

（2）绘制：点的设置方法，如图 10-51 所示。

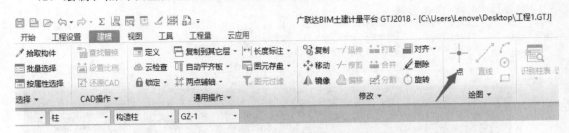

图 10-51　基础构件中点的绘制

（3）自动生成构造柱的方法。如图 10-52 所示。

图 10-52　自动生成构造柱

6. 圈梁

（1）定义：圈梁属性中截面、上部钢筋、下部钢筋、箍筋的设置如图 10-53 所示。

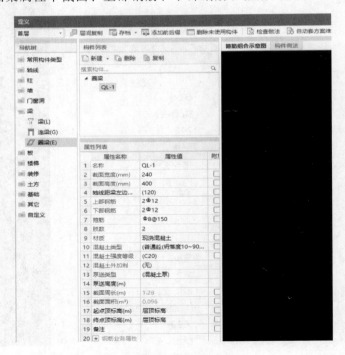

图 10-53　圈梁的定义

（2）绘制：直线、智能布置、生成圈梁的方法，如图 10-54 所示。

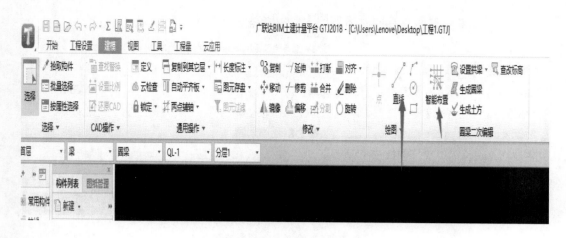

图 10-54　绘制直线、智能布置

7. 小结

（1）砌体墙的定义、绘制。
（2）砌体加筋的定义、绘制。
（3）过梁的定义、绘制。
（4）构造柱的定义、绘制。
（5）圈梁的定义、绘制。

九、 基础构件建立及绘制

独立基础

扫码观看本视频

1. 操作方法

（1）定义：新建独立基础，新建独立基础单元、钢筋信息、基础尺寸、标高，如图 10-55 所示。

图 10-55　独立基础定义

（2）绘制：点、智能布置的方法如图 10-56 所示。

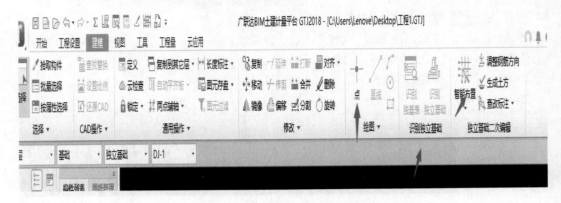

图 10-56　绘制点、智能布置

2. 小结

（1）独立基础的定义。
（2）独立基础的绘制。

楼梯钢筋

扫码观看本视频

十、　楼梯及零星构件建立

楼梯的设置、添加构参数输入，如图 10-57 所示。直接输入：阳角放射筋。参数输入：楼梯。

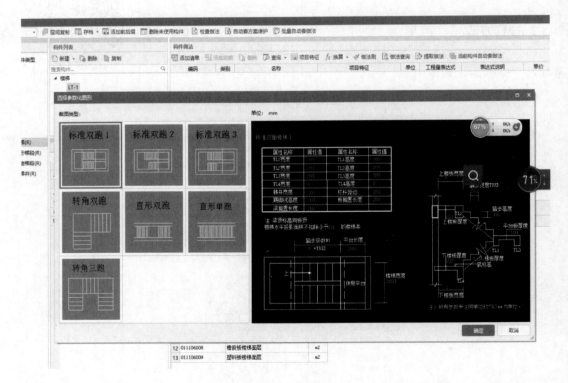

图 10-57　添加构件

十一、 报表汇总及查看

报表汇总如图 10-58～图 10-62 所示。

图 10-58　钢筋定额表

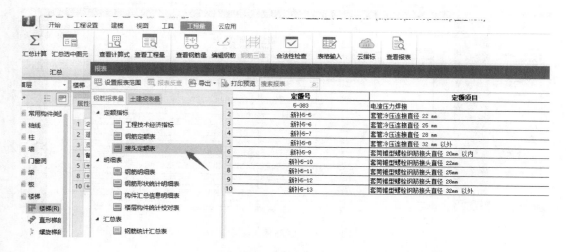

图 10-59　接头定额表

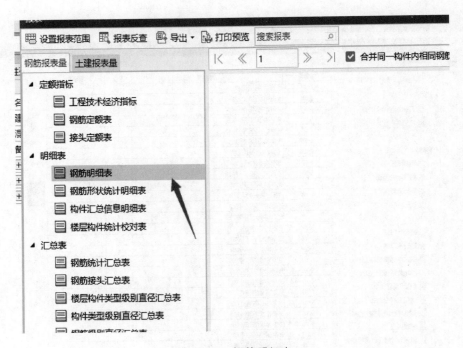

图 10-60 钢筋明细表

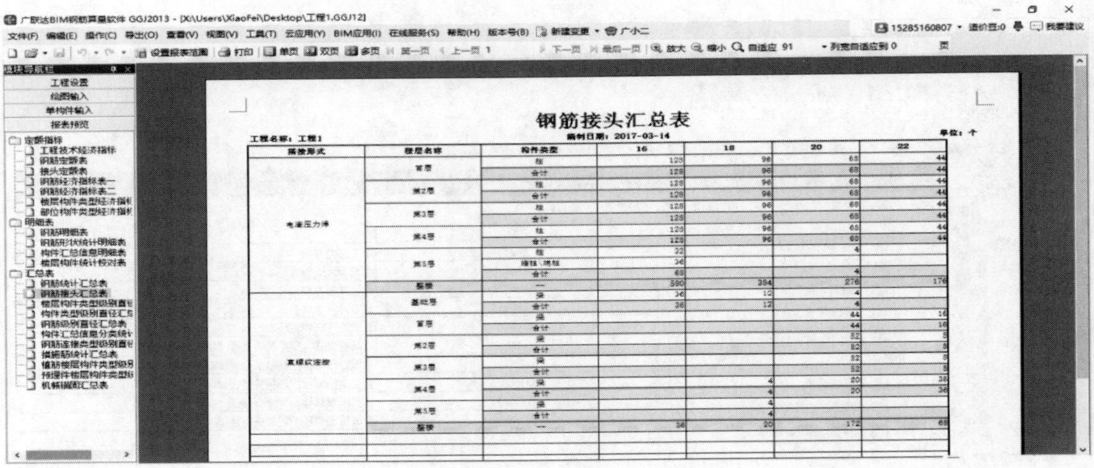

图 10-61 钢筋接头汇总表

图 10-62　钢筋统计汇总表

广联达土建速算新建工程

扫码观看本视频

第十一章 ▶▶

广联达图形算量软件装修实操

一、 装修构件定义及绘制

内容包括属性定义、构件做法、绘制方法。如图 11-1 所示。

房间装修绘图两步如下。

第一步：属性定义。

第二步：套构件做法。

房间装饰及楼梯第一集
扫码观看本视频

房间装饰及楼梯第二集
扫码观看本视频

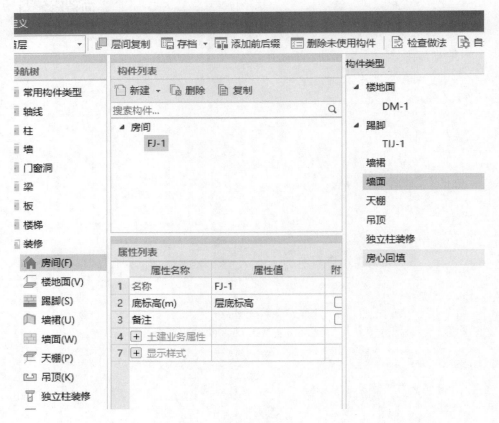

图 11-1 装修构件

构件定义名称如大厅、卫生间、厨房、卧式等。墙裙高度和踢脚线高度可根据图纸尺寸填写。如图 11-2、图 11-3 所示。

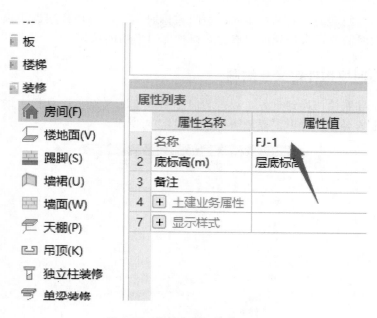

图 11-2 属性名称、高度（一）

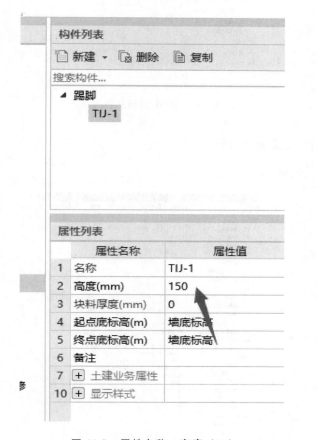

图 11-3 属性名称、高度（二）

　　块料厚度一般不用输入。所有房间属性定义界面都需根据图纸如实进行输入，如果图纸信息不同，此房间必须单独进行属性定义；所有房间的装修是否相同，不是体现在属性定义界面，而是根据房间套的定额是否相同；房间装修时，厨房与楼梯间需用虚墙来进行分隔，这里在讲解房间时需要再次提到虚墙概念，以加深对虚墙的认识。

二、 房心回填构件定义及绘制

第一步：将导航栏切换到土方，双击"房心回填土"或点击工具栏上的"定义"按钮，新建房心回填土的名称，编辑工程量清单。如图 11-4 所示。

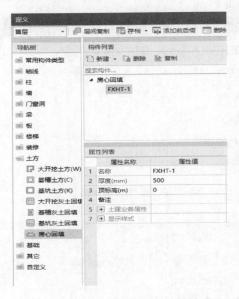

图 11-4　房心回填属性编辑

三、 垫层构件定义及绘制

（1）属性定义，如图 11-5 所示。

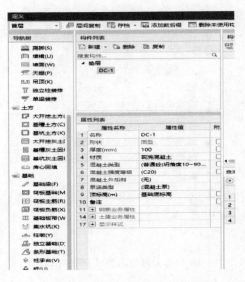

图 11-5　垫层属性定义

（2）绘制方式如图 11-6 所示。

图 11-6　垫层绘制方式

垫层等基础画完后，再到垫层构件界面，筏板和承台等可以选择建立面式垫层，条基础、梁式承台等按线型垫层建立，然后选择智能生成，选择要生成垫层的基础，选择基础，右键确定，输入 100 确定。

四、土石方构件定义及绘制

1. 基槽土方开挖

（1）属性定义。

（2）构件做法。

（3）绘制方式。

具体操作如下。

第一步：属性定义，如图 11-7 所示。

基坑、基槽开挖

扫码观看本视频

图 11-7　土石方构件属性定义

第二步：绘制方式如图 11-8 所示。

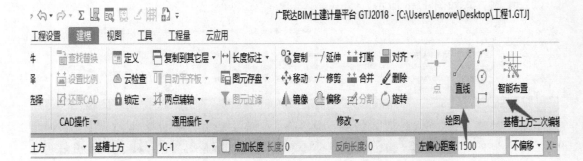

图 11-8　土石方绘制方式

2. 基坑土方开挖

（1）属性定义，如图 11-9 所示。

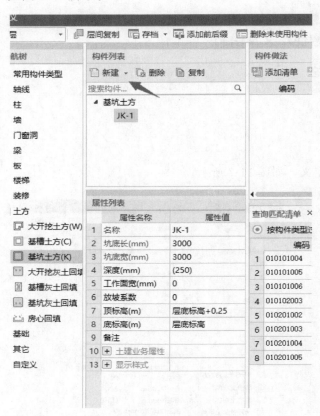

图 11-9　基坑土方属性定义

（2）绘制方式如图 11-10 所示。

3. 大开挖

需学习属性定义、构件做法、绘制方式。

大开挖绘图的步骤如下。

第一步：属性定义。

第二步：套构件做法（略）。

第三步：绘图。

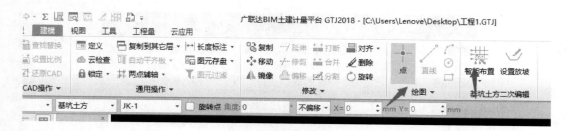

图 11-10　大开挖绘制方式

具体操作如图 11-11 所示。

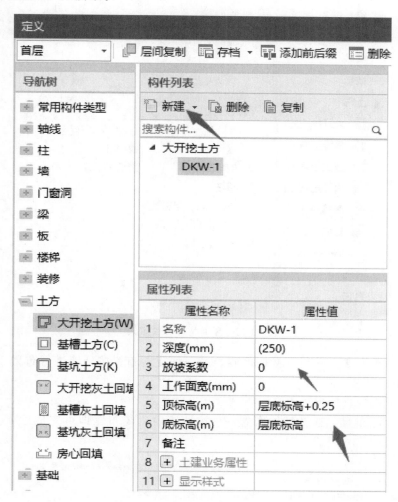

图 11-11　大开挖属性定义

五、屋面构件定义及绘制

（1）属性定义如图 11-12 所示。

（2）构件做法略过，请参考相关资料。

（3）绘制方法。

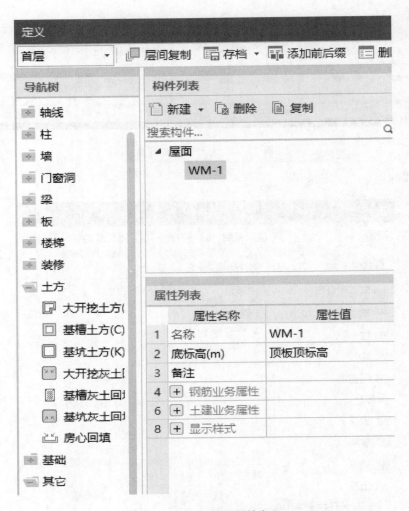

图 11-12　屋面构件属性定义

　　画屋面有两种方法。一种直接按面画，另一种智能布置按外墙进行布置（面的绘制方式），操作如下。

　　第一种：同板的直接画法相同。

　　第二种：智能布置，选择智能布置——按外墙内边线布置即可完成绘制。如图 11-13 所示。

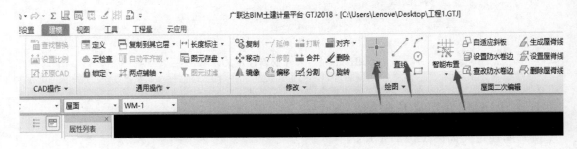

图 11-13　智能布置

六、 台阶的定义及绘制

台阶的定义及绘制方法如下。

第一步：台阶的定义与工程量清单编辑。切换首层，将导航栏切换到其他，双击"台阶"或点击工具栏上的"定义"按钮，新建台阶，台阶的属性定义及工程表编辑如图 11-14 所示。

图 11-14 台阶属性定义及工程表编辑

第二步：台阶的绘制，点击工具栏上的矩形，按住"Shift＋左键"，再输入需要偏移的偏值。如图 11-15 所示。

七、 零星构件定义及绘制

1. 散水

目标：掌握散水的智能布置法。

内容如下。

（1）属性定义。

图 11-15　台阶的绘制

（2）构件做法。
（3）绘制方法。
散水绘图的步骤如下。
第一步：属性定义，如图 11-16 所示。

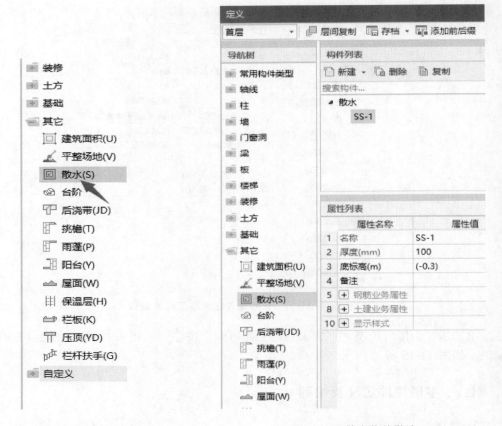

图 11-16　散水属性定义　　　　图 11-17　散水构件做法

第二步：构件做法如图 11-17 所示。
第三步：绘制方法如图 11-18 所示。

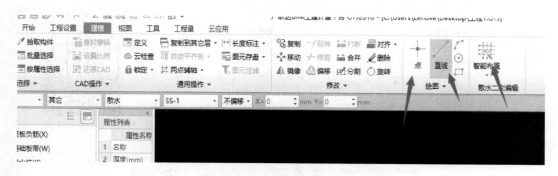

图 11-18　散水绘制方法

2. 平整场地

内容如下。

（1）属性定义。

（2）构件做法。

（3）绘制方法（点式画法）。

具体操作如图 11-19、图 11-20 所示。

图 11-19　平整场地属性定义

图 11-20　平整场地绘制方法

八、报表汇总

报表汇总如图 11-21 所示。

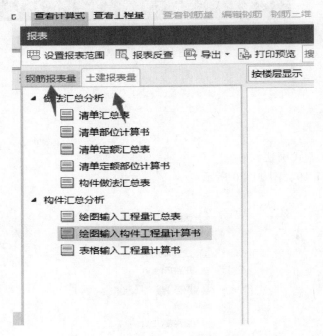

图 11-21　报表汇总

第十二章 ▶▶

建筑工程综合计算实例

第一节　某办公楼计算实例

　　某地要建一座办公楼，采用框架结构，三层，混凝土为泵送商品混凝土，内外前均为加气混凝土砌块墙，外墙厚250mm，内墙厚200mm，M10混合砂浆。施工图纸如图12-1～图12-4所示，已知条件如下。

　　(1) 现浇混凝土（XB1）混凝土为C25；板保护厚度为15mm；通长钢筋搭接长度为25d；下部钢筋锚固长度为150mm；不考虑钢筋理论质量与实际质量的偏差。

　　(2) 该工程DJ01独立基础土石方采用人工开挖，三类土；设计室外地坪为自然地坪；挖出的土方自卸汽车（载重8t）运至500m处存放，灰土在土方堆放处拌和；基础施工完成后，用2∶8灰土回填；合同中没有人工工资调整的约定；也不考虑合用工材料的调整。

　　(3) 基础回填灰土所需生石灰全部由招标人供应，按120元/t计算，共提供5.92t，并由招标人运至距回填中心500m处；模板工程另行发包，估算价2万元；暂列金额10000元；招标人应运材料按0.5%计取总承包服务费，另行发包项目按2%计取总承包服务费；厨房设备由承包人提供，按3万元计算。

　　根据上述已知的条件采用工料单价法试算如下项目。

　　(1) 根据图纸及已知条件采用工料单价法完成以下计算：XB1钢筋工程量、XB1混凝土工程量、XB1模板工程量。

　　(2) 采用工料单价法计算图12-1～图12-4中1#钢筋混凝土楼梯的工程量。

　　(3) 根据已知条件和图纸采用工料单价法计算如下项目

　　① DJ01独立基础的挖土方、回填2∶8灰土、运输工程量。

　　② DJ01独立基础挖土方及其运输的工程造价（措施项目中只计算安全生产、文明施工费）。

　　③ DJ01独立基础挖土方、回填2∶8灰土、运输的工程造价（不计算措施费）。

　　(4) 根据已知条件（3）编制DJ01独立基础的挖土方、回填2∶8灰土的工程量清单及分部分项工程量清单。

　　(5) 根据上述已知条件和计算结果，计算回填土的综合单价并完成表12-1～表12-7。

　　【解】：(1) XB1钢筋工程量、XB1混凝土工程量、XB1模板工程量，见表12-1。

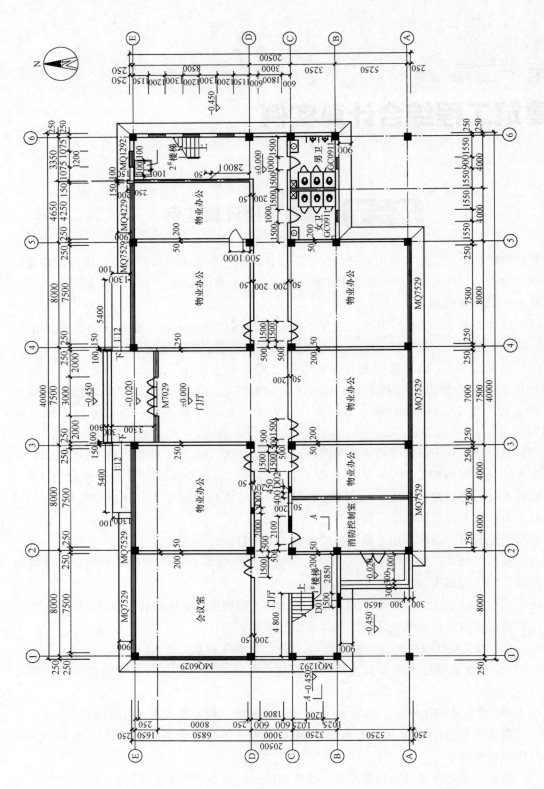

图12-1 某办公楼一层平面图

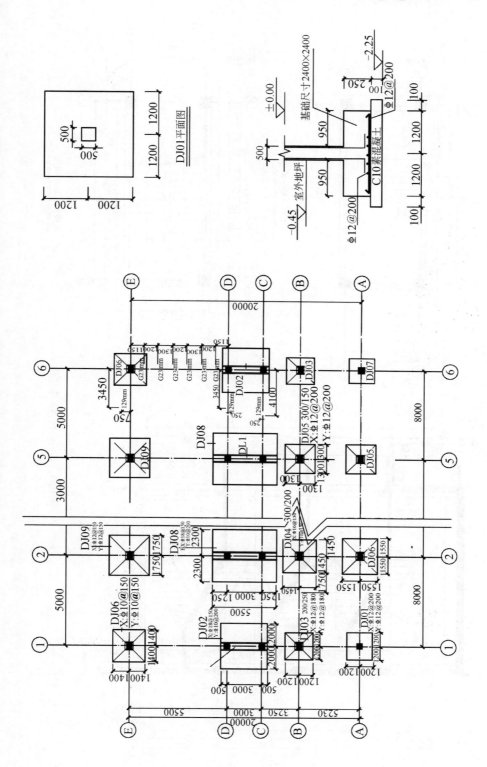

图12-2 某办公楼基础施工图

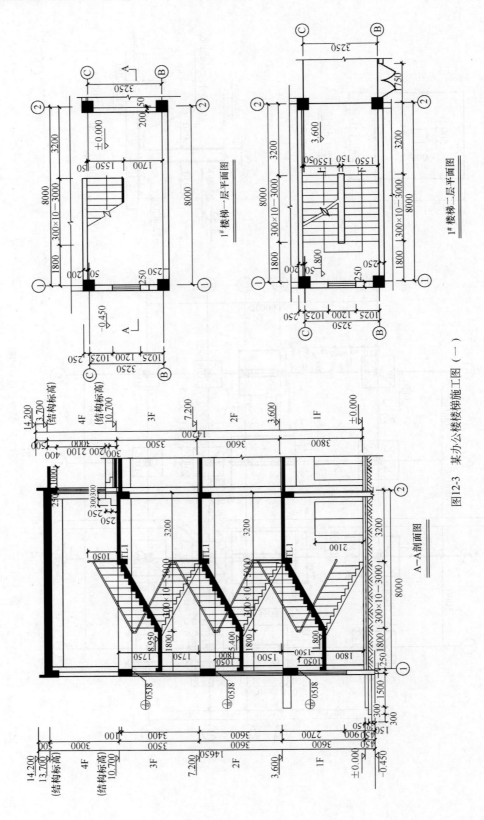

图12-3 某办公楼楼梯施工图（一）

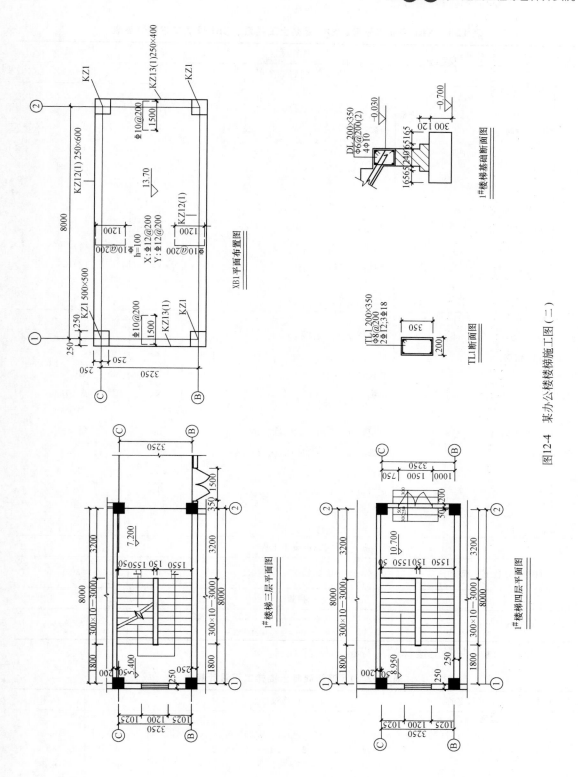

图12-4 某办公楼楼梯施工图（二）

表 12-1　XB1 钢筋工程量、XB1 混凝土工程量、XB1 模板工程量计算表

序号	项目名称	计算过程	单位	结果
		一、钢筋工程		
1	XB1 下部钢筋			
	(1)X 方向	单根长度:$l_1=8+0.15\times2+25\times0.012$	m	8.6
	ϕ12 钢筋	根数:$n_1=(3.25-0.05\times2)\div0.2+1$	根	17
		总长:8.6×17	m	146.2
		质量:146.2×0.888	kg	129.83
	(2)Y 方向	单根长度:$l_2=3.25+0.15\times2$	m	3.55
	ϕ12 钢筋	根数:$n_2=(8-0.05\times2)\div0.2+1$	根	41
		总长:3.55×41	m	145.55
		质量:145.55×0.888	kg	129.25
	(3)小计	$(129.83+129.25)\times1.03$	t	0.227
2	XB1 负筋			
	(1)X 方向	单根长度:$l_3=1.5+27\times0.01$	m	1.7
	ϕ10 钢筋	根数:$n_3=[(3.25+0.05\times2)\div0.2+1]\times2$	根	34
		总长:1.77×34	m	60.18
		质量:60.18×0.617	kg	37.13
	(2)Y 方向	单根长度:$l_4=1.2+27\times0.01$	m	1.47
	ϕ10 钢筋	根数:$n_4=[8-0.05\times2\div0.2+1]\times2$	根	82
		总长:1.47×82	m	120.54
		质量:120.54×0.617	kg	74.37
	(3)小计	$(37.13+74.37)\times1.03$	t	0.115
		二、混凝土工程		
1	XB1 板混凝土工程量	$(8\times3.25-0.25\times0.25\times4)\times0.1$	m³	2.58
		三、模板工程		
1	XB1 模板工程量	$8\times3.25-0.25\times0.25\times4+(3.25-0.25\times2)\times0.1\times2+(8-0.25\times2)\times0.1\times2$	m²	27.80

（2）1# 钢筋混凝土楼梯的工程量，见表 12-2。

表 12-2　1# 钢筋混凝土楼梯工程量计算表

序号	项目名称	计算过程	单位	结果
1	1# 楼梯工程量			
	(1)一层	$(4.8+0.2)\times3.3-0.2\times1.6-0.25\times0.3-0.25\times0.25$	m²	16.04
	(2)二层	$3.3\times(4.8+0.2)-0.25\times0.3-0.25\times0.25$	m²	16.36
	(3)三层	$3.3\times(4.8+0.2)-0.25\times0.3-0.25\times0.25$	m²	16.36
2	合计	$16.04+16.36\times2$	m²	48.76

（3）根据已知条件和图纸采用工料单价法计算。

① DJ01 独立基础的挖土方、回填 2∶8 灰土、运输工程量，见表 12-3。

表 12-3　DJ01 独立基础的挖土方、回填 2∶8 灰土、运输工程量计算表

序号	项目名称	计算过程	单位	结果
1	DJ01 挖土方 2∶8 回填土 运输工程量	 $V = H(a+2c+KH)(b+2c+KH)+\dfrac{1}{3}K^2H^3$ 或 $V = \dfrac{1}{3}H(S_1+S_2+\sqrt{S_1S_2})$ 式中,V 为挖土体积;H 为挖土深度;K 为放坡系数; a 为垫层底宽;b 为垫层底长;c 为工作面宽度; $\dfrac{1}{3}K^2H^3$ 为基坑四角的角锥体积; S_1 为上底面积;S_2 为下底面积。 $H = 2.25-0.45$ $V = 1.8\times(2.6+2\times0.3+0.33\times1.8)\times(2.6+2\times0.3+0.33\times 1.8)+1/3\times0.33^2\times1.8^3$ 扣垫层:$2.6\times2.6\times0.1$ 扣独立基础:$2.4\times2.4\times0.25$ 扣柱:$0.5\times0.5\times(1.8-0.1-0.25)$ 小计:$0.68+1.44+0.36$ 回填 2∶8 灰土:$26.12-2.48$ 土方外运 灰土回运	m m^3 m^3 m^3 m^3 m^3 m^3 m^3 m^3	1.8 26.12 0.68 1.44 0.36 2.48 23.64 26.12 23.64

② DJ01 独立基础挖土方及其运输的工程造价,见表 12-4。

表 12-4　DJ01 独立基础挖土方及其运输工程造价表

序号	定额编号	项目名称	单位	数量	单价/元			合价/元		
					小计	人工费	机械费	合计	人工费	机械费
1	A1-4	DJ01 基础挖土方(三类土)	100m³	0.26	1620.09	1620.09	—	421.22	421.22	—
2	A1-163	自卸汽车(载重 8t)外运土方 500m	1000m³	0.03	7901.43	—	7901.43	237.04	—	237.04
3		小计						658.26	421.22	237.04
4		直接费						658.26		
5		其中:人工费＋机械费						658.26		
6		安全生产、文明施工费		3.55%				23.37	—	
7		合计						681.63		
8		其中:人工费＋机械费						658.26		
9		企业管理费		17%				111.90		
10		利润		10%				65.83		
11		规费		25%				164.57		

序号	定额编号	项目名称	单位	数量	单价/元 小计	单价/元 人工费	单价/元 机械费	合价/元 合计	合价/元 人工费	合价/元 机械费
12		合计						1023.93		
13		税金		3.48%				35.63		
14		工程造价						1059.56		

③ DJ01 独立基础挖土方、回填 2∶8 灰土、运输的工程造价，见表 12-5。

表 12-5　DJ01 独立基础挖土方、回填 2∶8 灰土、运输工程造价表

序号	定额编号	项目编码	单位	数量	单价/元 小计	单价/元 人工费	单价/元 机械费	合价/元 合计	合价/元 人工费	合价/元 机械费
1		基础挖土方(三类)	100m³	0.26	1620.09	1620.09		421.22	421.22	
2		2∶8 灰土回填	100m³	0.24	7619.09	2434.60	250.64	1828.58	584.30	60.15
3		自卸汽车(载重 8t)外运土方 500m	1000m³	0.03	7901.43	—	7901.43	237.04	—	237.04
4		小计						2486.84	1005.52	279.19
5		直接费						2486.84		
6		起重工：人工费＋机械费						1302.71		
7		企业管理费		17%				221.46		
8		利润		10%				130.27		
9		规费		25%				325.68		
10		合计						3164.25		
11		税金		9%				284.78		
12		工程造价						3449.03		

④ DJ01 独立基础的挖土方、回填 2∶8 灰土的工程量清单及分部分项工程量清单，见表 12-6、表 12-7。

表 12-6　工程量清单计价表

序号	项目名称	计算过程	单位	结果
1	基础挖土方	2.6×2.6×1.8	m³	12.17
2	2∶8 灰土回填	12.17－2.48	m³	9.69

表 12-7　分部分项工程量清单计价表

序号	项目编码	项目名称	项目特征	计量单位	工程数量	金额/元 综合单价	金额/元 合价
1	010101003001	挖基础土方	1. 三类土 2. 钢筋混凝土独立基础 3. C10 混凝土垫层，底面积：6.76m² 4. 挖土深度：1.8m 5. 弃土运距：500m	m³	12.17		
2	010103001001	2∶8 灰土基础回填	1. 2∶8 灰土 2. 夯实 3. 运距：500m	m³	9.69		
—	—	本页小计	—	—	—	—	—
—	—	合计	—	—	—	—	—

⑤ 回填土的综合单价，见表 12-8～表 12-14。

表 12-8　工程项目总价表

序号	名称	金额/元
1	合计	43253
1.1	工程费	13253
1.2	设备费	30000
—	合计	43253

表 12-9　单位工程费汇总表

序号	名称	计算基数	费率/%	金额/元	其中/元		
					人工费	材料费	机械费
1	合计	—	—	13253	520	725	175
1.1	分部分项工程量清单计价合计	—	—	2203.28	520.06	725.10	175.29
1.2	措施项目清单计价合计	—	—	—	—	—	—
1.3	其他项目清单计价合计	—	—	10403.55			
1.4	规费	802.48	25	200.62	—	—	—
1.5	税金	12807.45	3.48	445.70	—	—	—
—	合计			13253.15	520	725	175

表 12-10　分部分项工程量清单计价表

序号	项目编码	项目名称	项目特征	计量单位	工程数量	金额/元	
						综合单价	合价
1	010103001001	2:8 灰土基础回填	1. 2:8 灰土 2. 夯实 3. 运距:500m	m³	9.69	227.37	2203.28
—	—	本页小计	—	—	—	—	2203.28
—	—	合计	—	—	—	—	2203.28

表 12-11　其他项目清单与计价表

序号	项目名称	金额/元
1	暂列金额	10000
2	暂估价	—
2.1	材料暂估价	—
2.2	设备暂估价	—
2.3	专业工程暂估价	—
3	总承包服务费	403.55
4	计日工	
—	本页小计	10403.55
—	合计	10403.55

表 12-12　总承包服务费计价表

序号	项目名称	项目金额	费率/%	金额/元
1	招标人另行发包专业工程			
1.1	模板工程	20000	2	400
1.2				
	小计			
2	招标人供应材料、设备			

序号	项目名称	项目金额	费率/%	金额/元
2.1	生石灰	710.4	0.5	3.55
2.2				
	合计			403.55

表 12-13　招标人供应材料、设备明细表

序号	名称	规格型号	单位	数量	单价/元	合价/元	质量等级	供应时间	送达地点	备注
1	材料	—	—							
	生石灰		t	5.92	120	710.4				
2	设备									
	小计	—	—			—				
	合计	—	—			710.4				

表 12-14　分部分项工程量清单综合单价分析表

序号	项目编码（定额编号）	项目名称	单位	数量	综合单价/元	合价/元	综合单价组成/元			
							人工费	材料费	机械费	管理费和利润
	010103001001	2：8 灰土基础回填 1. 2：8 灰土 2. 夯实 3. 运距：500m	m³	9.69	227.37	2203.28	60.30	122.20	22.52	22.36
1	A1-163	回运 2：8 灰土运距 1000m 以内	1000m³	0.02	7901.43	158.03			158.03	39.51
2	A1-42	2：8 灰土基础回填	100m³	0.24	7619.09	1828.58	584.30	1184.12	60.15	161.11
		小计				1986.61	584.30	1184.12	218.18	200.62
		直接费				1986.61				
		其中：人＋机				802.48				
		管理费和利润				216.67				
		合计				2203.28				

第二节　某车间计算实例

（1）某车间施工图（非房地产项目），如图 12-5～图 12-14 所示，2013 年 8 月 10 日开工，计算该工程的建筑面积。

（2）根据图 12-5～图 12-14，按照工料单价法计算以下内容。

① 外墙保温项目工程量（不计算门、窗、洞口侧壁的工程量，不扣除两棚、钢楼梯所占的面积）。

② 外墙保温项目造价（不计算措施项目费用，按包工包料费率计算）。

（3）已知：上部纵筋弯钩长度 $15d$，下部纵筋锚固长度 $12d$，端支座上部加筋伸出支座长度 $L_n/5$，中间支座上部加筋伸出支座长度 $L_n/3$（第一排），$L_n/4$（第二排），搭接长度 $36d$、构造钢筋的锚固长度 $15d$、构造钢筋的拉筋为ϕ@30。根据图 12-5～图 12-14 和上述已知条件，按照工料单价法计算标高 5.950m 梁 L13 钢筋工程量。

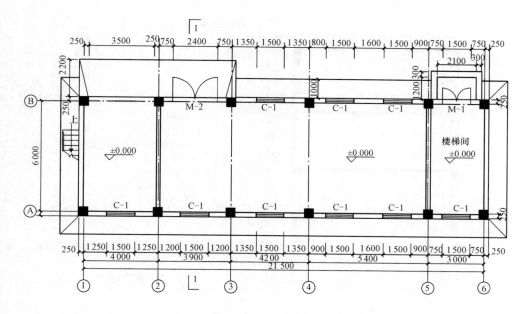

图 12-5　一层平面图

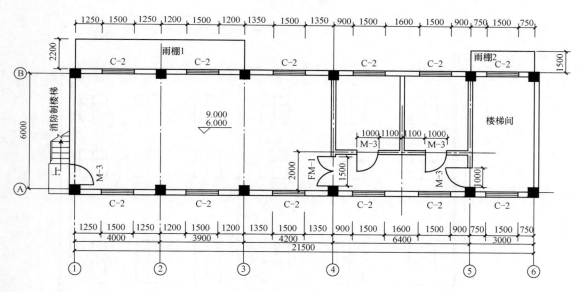

图 12-6　二层平面图

（4）根据图 12-5～图 12-14，编制标高 5.950m 梁 L13 中ϕ22 钢筋制安工程量清单。

（5）已知：招标人供应ϕ22 钢筋 50kg，统一按 4000 元/t 计算；余下的钢筋由承包人购买，承包人按 4050 元/t 报价。由承包人购买开水炉设备 3 台，每台开水炉设备费 6000 元。门窗另行发包，估算价 30 万元，招标人供应材料按 0.6％计取总承包服务费，另行发包项目按 3％计取总承包服务费，暂列金额 50 万元。根据图 12-5～图 12-14、第（4）题结果和以上已知条件，计算标高 5.950m 梁 L13 中ϕ22 钢筋制安综合单价，并完成表需要填写或计算的内容，计算出合计金额（不计算措施项目费用，按包工包料费率计算）。

（6）已知：合同约定钢筋材料价格变动±2％以内（含±2％）时，综合单价不变；超过时，超过部分用差价调整综合单价，招标文件没有明确，合同中也没有约定钢筋的基期价格、现行价格，该工程投标截止日期前 20 日内ϕ22 钢筋价格为 4450 元/t（到现场价）；施

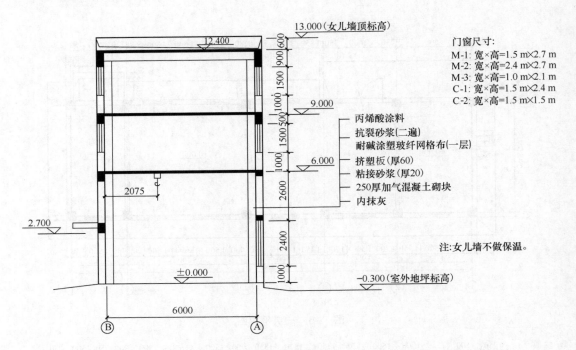

图 12-7 剖面图

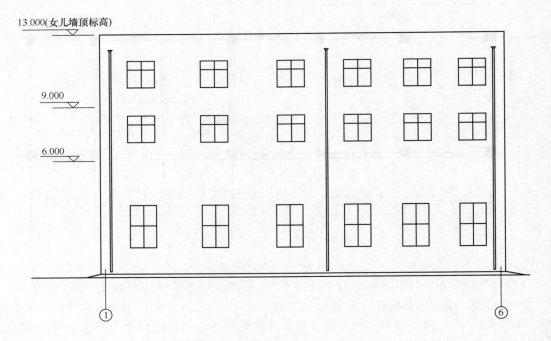

图 12-8 立面图（一）

工期ϕ22 钢筋价格为 4550 元/t（到现场价）。

【解】：（1）工程的建筑面积＝(21.5＋0.25×2＋0.02×2＋0.06×2)×(6＋0.25×2＋

0.02×2＋0.06×2)×3＋2.2×7.9/2

＝442.76＋8.69

＝451.45(m²)

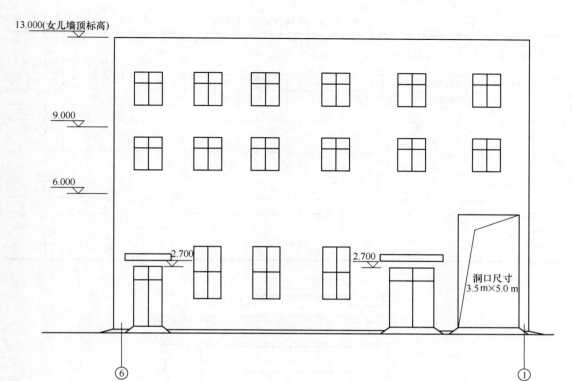

图 12-9　立面图 （二）

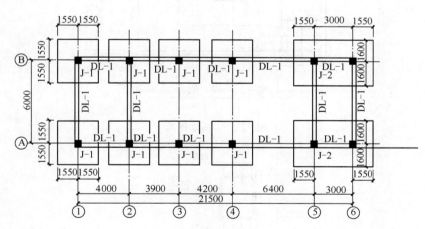

图 12-10　基础平面布置图

（2）外墙保温项目工程量见表 12-15 和表 12-16。

表 12-15　外墙保温项目工程量

序号	项目名称	计算过程	单位	结果
1	长度	21.5＋0.5＋0.08×2	m	22.16
2	宽度	6＋0.5	m	6.5
3	高度	12.4＋0.3	m	12.7
4	门窗洞口	9×1.5×2.4＋24×1.5×1.5＋1.5×2.7＋2.4×2.7＋2×1	m²	118.63
5	保温工程量	×2.1＋3.5×5	m²	609.33
		（22.16＋6.5）×2×12.7－118.63		

表 12-16　外墙保温项目造价

序号	定额编号	项目名称	单位	数量	单价/元			合价/元		
					小计	人工费	机械费	小计	人工费	机械费
1	A8-266	外墙挤塑板保温粘贴厚60	100m²	6.09	6219.37	1270.80	150.41	37875.96	7739.17	916.00
2	A8-298	玻纤网格布一层,抹面两遍	100m²	6.09	262.20	106.20	—	1596.80	646.76	—
		小计						39472.76	8385.93	916.00
		其中:人工费+机械费						9301.93		
		企业管理费		17%				1581.93		
		利润		10%				930.19		
		规费		25%				2325.48		
		合计						44309.76		
		税金		3.48%				1541.98		
		工程造价						45851.74		

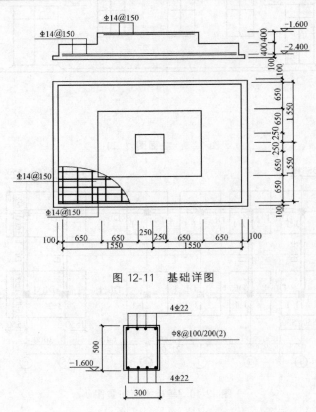

图 12-11　基础详图

图 12-12　梁配筋详图

说明:
1. 本工程梁保护层厚度25mm,上部纵向钢筋及加筋采用弯锚,梁混凝土强度等级C30,钢筋手工绑扎连接。
2. 柱尺寸为500 mm×500 mm。
3. 地梁(DL-1)以上至±0.0000采用水泥砖砌筑,厚250mm。
4. 本工程按三级抗震等级设计。
5. 本工程除标高以米计外,其余均以mm为单位。
6. 本工程结构设计采用11G101-1图集。

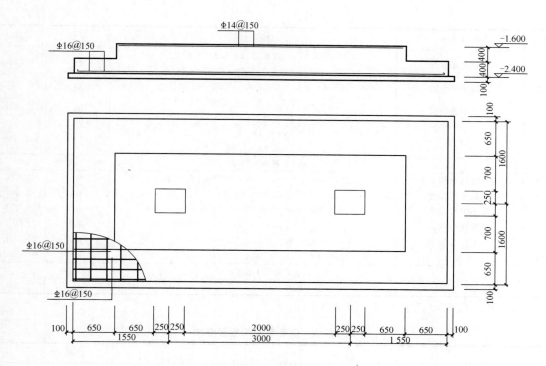

图 12-13　J-2 基础详图

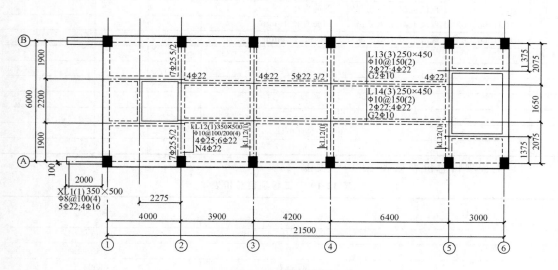

图 12-14　梁配筋图

（3）梁 L13 钢筋工程量计算，见表 12-17。

表 12-17　梁 L13 钢筋工程量计算

序号	项目名称	计算过程	单位	结果
一、Φ22 钢筋工程量				
1	2Φ22	$(3.9+4.2+6.4+0.35-0.025\times2+15d\times2)\times2$	m	30.92
2	4Φ22	$(3.9+4.2+6.4-0.35+12d\times2)\times4$	m	58.71
3	Φ22 单根搭接长度	$36d=36\times0.022$	m	0.79
4	②轴支座Φ22	$[(3.9-0.35)/5+0.35-0.025+15d]\times2$	m	2.73
5	③轴支座Φ22	$[(4.2-0.35)/3\times2+0.35]\times2$	m	5.83

序号	项目名称	计算过程	单位	结果
6	④轴支座$\underline{\phi}$22	$[(6.4-0.35)/3\times2+0.35]\times1+$ $[(6.4-0.35)/4\times2+0.35]\times2$	m	11.13
7	⑤轴支座$\underline{\phi}$22	$[(6.4-0.35)/5+0.35-0.025+15d]\times2$	m	3.73
8	$\underline{\phi}$22 不含搭接	$(30.92+58.71+2.73+5.83+11.13+$ $3.73)\times2.98$	kg	336.889
	工程量	$(30.92+58.71+2.73+5.83+11.13+3.73+0.79\times6)\times$ 2.98×1.03	kg	361.545
二、$\underline{\phi}$10 钢筋工程量				
1	构造钢筋	$(3.9+4.2+6.4-0.35+15d\times2)\times2$	m	28.90
2	单根桥接长度	$36d=36\times0.01$	m	0.36
3	箍筋单根长度	$(0.25+0.45)\times2-8\times0.025+26.55d$	m	1.47
4	箍筋根数	$(3.9+4.2+6.4-0.05\times2)\div0.15+1$	根	97
5	不含搭接	$(20.90+1.47\times97)\times0.617$	kg	105.81
6	工程量	$(28.90+0.36\times2+1.47\times97)\times0.617\times1.03$	kg	109.44
三、$\underline{\phi}$6 钢筋工程筋				
1	单根长度	$(0.25+0.45)\times2-8\times0.025+26.55d$	m	1.36

（4）外墙保温项目工程量，见表12-18。

表 12-18　钢筋制安工程量清单

序号	项目编码	项目名称	项目特征	计量单位	工程数量	金额/元	
						综合单价	合价
1	010515001001	现浇混凝土钢筋制安	钢筋直径 22mm	t	0.337	—	
2	010515001002	现浇混凝土钢筋制安	钢筋直径 10mm	t	0.106	—	
3	010515001003	现浇混凝土钢筋制安	钢筋直径 6mm	t	0.015	—	
						—	
						—	
						—	
						—	
						—	
—	—		本页小计		—	—	
—	—		合计		—	—	

（5）工程项目总价表见表12-19～表12-25。

表 12-19　工程项目总价表

序号	名称	金额/元
1	合计	546433
1.1	工程费	528433
1.2	设备费	18000
—	合计	546433

表 12-20　单位工程费汇总

序号	名称	计算基数	费率/%	金额/元	其中/元		
					人工费	材料费	机械费
1	合计	—	—	528433	112	1437	35
1.1	分部分项工程量清单计价合计	—	—	1624.21	111.88	1437.46	35.17
1.2	措施项目清单计价合计	—	—	—	—	—	—
1.3	其他项目清单计价合计	—	—	509001.2	—	—	—

序号	名称	计算基数	费率/%	金额/元	其中/元		
					人工费	材料费	机械费
1.4	规费	147.05	25	36.76	—	—	—
1.5	税金	510662.17	3.48	17771.04	—	—	—
—	合计	—	—	528433.21	112	1437	35

表 12-21 分部分项工程量与计价表

序号	项目编码	项目名称、特征	计量单位	工程数量	金额/元	
					综合单价	合价
3	010515001001	现浇混凝土钢筋制安⌀22	t	0.337	4819.62	1624.21
—	—	本页小计	—	—	—	1624.21
—	—	合计	—	—	—	1624.21

表 12-22 其他项目清单与计价表

序号	项目名称	金额/元
1	暂列金额	500000
2	总承包服务费	9001.2
2.1	另行发包项目 300000×3%	9000
2.2	招标人供应材料 0.05×4000×0.6%	1.20
—	本页小计	509001.2
—	合计	509001.2

表 12-23 招标人供应材料、设备明细表

序号	名称	规格型号	单位	数量	单价/元	合价/元	质量等级	供应时间	送达地点
1	材料	—	—	—	—	—	—	—	—
1.1	钢筋	⌀22	t	0.05	4000	200			
	小计	—	—	—	—	200			
2	设备								
	小计	—	—	—	—				
	合计					200			

表 12-24 主要材料、设备

序号	编码	名称	规格型号	单位	数量	单价/元	合价/元
1		材料					
—	—						
2		设备					
2.1	—	开水炉	—	台	3	6000	18000
		小计					18000
		合计					18000

表 12-25　分部分项工程量清单综合单价

序号	项目编码 (定额编号)	项目名称、特征	单位	数量	综合单价 (基价)/元	合价 /元	综合单价组成/元				
							人工费	材料费	机械费	管理费	利润
	010515001001	现浇混凝土钢 筋制安Φ22	t	0.337	4879.62	1624.21	331.98	4265.45	104.37	74.18	43.64
	4-332	现浇混凝土钢 筋制安Φ22	t	0.287	5227.04	1500.16	331.98	4672.87	104.37	74.18	43.64
		差价调整 (4050−4450)	t	0.287	−400	−114.80		−400			
	4-332	现浇混凝土钢 筋制安Φ22	t	0.05	5227.04	1500.16	331.98	4672.87	104.37	74.18	43.64
		差价调整 (4000−4450)	t	0.05	−450	−22.50		−450			

（6）综合单价分析表，见表 12-26。

表 12-26　综合单价分析表

序号	项目编码 (定额编号)	项目名 称特征	单位	数量	单价/差 价/元	合价/元	综合单价组成/元				
							人工费	材料费	机械费	管理费	利润
1	010515001001	现浇混凝土钢 筋制安Φ22	t	0.337	5238.04	1503.87	331.98	4683.87	104.37	741.8	43.64
	4-332	现浇混凝土钢 筋制安Φ22	t	0.337	5227.04	1500.16	331.98	4672.87	104.37	74.18	43.64
		差价调整 (100−89)	t	0.337	+11	+3.71		+11			

造价员考试试题(一)

扫码查看本资料

造价员考试试题(二)

扫码查看本资料

部分参考文献

[1] 中华人民共和国住房和城乡建设部. 国家质量监督检验检疫总局. GB 50500—2013. 建设工程工程量清单计价规范 [S]. 北京：中国计划出版社，2013.

[2] 中华人民共和国住房和城乡建设部. GB 50353—2013. 建筑工程建筑面积计算规范 [S]. 北京：中国计划出版社，2013.

[3] 吴海明. 造价员实用手册 [M]. 北京：中国建筑工业出版社，2017.

[4] 许焕兴. 土建工程造价 [M]. 3 版. 北京：中国建筑工业出版社，2015.

[5] 筑·匠. 建筑工程造价一本就会 [M]. 北京：化学工业出版社. 2016.

[6] 王建茹. 工程造价技能实训 [M]. 北京：中国建筑工业出版社，2013.